Die 2. Auflage wurde insbesondere um folgende neue Themen erweitert:

- **Viele Zusätze in vorhandenen Themen**
- **Neueste Hardware-Technologien**
- **Neueste Netzwerk-Technologien**
- **Optimierung von Netzwerken**
- **Windows NT4 Backoffice-Komponenten wie**
  - System-Management-Server
  - Proxy-Server
  - Exchange-Server (Erweiterungen)
  - WEB-Server Option-Pack (IIS, Index-Server, Site-Server)
- **ARCserve-Datensicherungs-System**

Außerdem:

- **Windows 2000**

AF777217

Aus bisherigen Besprechungen zur ersten Auflage:

„Der Autor weiß, worauf es ankommt“

IT-Business-News, 9. Oktober 2000

„Und das Konzept geht auf: Wer sich die drei Hauptkapitel über Hardware-, Netzwerk- und Softwaretechnik parat macht, ist mit besten Basics gut vorbereitet für seinen IT-Job.“

amazon.de bringt's-Newsletter

Aus dem Bereich IT erfolgreich lernen

Ohne C zu C++
von Peter P. Bothner und Michael Kähler

Grundkurs JAVA
von Dietmar Abts

Visual Basic Essentials
von Ekkehard Kaier

Delphi Essentials
von Ekkehard Kaier

Grundkurs Wirtschaftsinformatik
von Dietmar Abts und Wilhelm Mülder

Aufbaukurs Wirtschaftsinformatik
von Dietmar Abts und Wilhelm Mülder

Kompaktkurs Mikrocontroller
von Silvia Limbach

Von Pascal zu Assembler
von Peter Kammerer

Das PC-Wissen für IT-Berufe:
Hardware, Betriebssysteme, Netzwerktechnik
von Rainer Egewardt

www.vieweg.de

Rainer Egewardt

Das PC-Wissen für IT-Berufe:

Hardware, Betriebssysteme, Netzwerktechnik

Kompaktes Praxiswissen für alle IT-Berufe in der Aus- und Weiterbildung, von der Hardware-Installation bis zum Netzwerkbetrieb inklusive Windows NT, Novell Netware und Unix (Linux)

2., überarbeitete und erweiterte Auflage

vieweg

Die Deutsche Bibliothek – CIP-Einheitsaufnahme
Ein Titeldatensatz für diese Publikation ist bei
Der Deutschen Bibliothek erhältlich.

1. Auflage Juli 2000
2., überarbeitete und erweiterte Auflage Juni 2002

Alle Rechte vorbehalten
© Springer Fachmedien Wiesbaden 2002
Ursprünglich erschienen bei Friedr. Vieweg & Sohn Verlagsgesellschaft mbH,
Braunschweig/Wiesbaden 2002

Das Werk einschließlich aller seiner Teile ist urheberrechtlich geschützt. Jede Verwertung außerhalb der engen Grenzen des Urheberrechtsgesetzes ist ohne Zustimmung des Verlags unzulässig und strafbar. Das gilt insbesondere für Vervielfältigungen, Übersetzungen, Mikroverfilmungen und die Einspeicherung und Verarbeitung in elektronischen Systemen.

Die Wiedergabe von Gebrauchsnamen, Handelsnamen, Warenbezeichnungen usw. in diesem Werk berechtigt auch ohne besondere Kennzeichnung nicht zu der Annahme, dass solche Namen im Sinne der Warenzeichen- und Markenschutz-Gesetzgebung als frei zu betrachten wären und daher von jedermann benutzt werden dürften.

Höchste inhaltliche und technische Qualität unserer Produkte ist unser Ziel. Bei der Produktion und Auslieferung unserer Bücher wollen wir die Umwelt schonen: Dieses Buch ist auf säurefreiem und chlorfrei gebleichtem Papier gedruckt. Die Einschweißfolie besteht aus Polyäthylen und damit aus organischen Grundstoffen, die weder bei der Herstellung noch bei der Verbrennung Schadstoffe freisetzen.

Konzeption und Layout des Umschlags: Ulrike Weigel, www.CorporateDesignGroup.de
Umschlagbild: Nina Faber de.sign, Wiesbaden

ISBN 978-3-528-15739-5   ISBN 978-3-663-07857-9 (eBook)
DOI 10.1007/978-3-663-07857-9

Vorwort

Wissen über PC-Technik wird im heutigen Berufsleben immer wichtiger. Doch die Informationsvielfalt darüber ist zwischenzeitlich so groß geworden, dass fast niemand mehr alles über PC's wissen kann.

Wie viel mehr im technischen Bereich eines PC's, eines PC-Netzwerkes oder der dazugehörigen Betriebssysteme. Deswegen ist der Blick für das in der Praxis Wesentliche umso wichtiger! Hier soll das vorliegende Buch eine wertvolle Unterstützung bieten.

Motivation für dieses Buches war, die Bereiche der PC-Technik (Hardware, Netzwerke, Windows NT, Novell-Netware, Unix und/ oder Linux) – ganz nah an der Praxis orientiert – kompakt und gebündelt darzustellen, mit denen man im Berufsleben als Techniker überwiegend konfrontiert wird. Die Vorteile mit diesem Buch sind:

- Viele Bücher sind nicht mehr nötig, mit denen das Wissen langsam „scheibchenweise" aufgebaut und komplettiert werden kann.
- Für die berufliche Aus- oder Weiterbildung wird mit den Inhalten dieses Buches das notwendige Rüstzeug vermittelt, mit dem man sich bestens orientieren und die Prüfung, aber auch die berufliche Praxis meistern wird.
- Praktiker oder pc-technisch interessierte Menschen werden in diesem Buch ein umfangreiches Nachschlagewerk finden.

Mit dem vorliegenden Buch sind alle Informationen, die notwendig sind, um einen PC und ein PC-Netzwerk unter einem der gängigsten Betriebssysteme aufbauen und betreiben zu können, verständlich und übersichtlich zusammengefasst. Aber auch das benötigte Hintergrundwissen, um zu verstehen, warum man etwas tut, wird erschöpfend behandelt.

Das Buch wendet sich an alle, die sich in die technische Welt von PC's und PC-Netzwerken einarbeiten wollen, um diese aufbauen und betreiben zu können. Insbesondere ist das Buch geeignet für

- IT-Fachleute und solche, die es werden wollen: PC-Techniker, System-Techniker, Administratoren für heterogene Netzwerke, IT-Manager, die im Rahmen von Umschulungen oder Weiterbildungen in die IT-Branche hineinwachsen wollen.
- Auszubildende in den neuen IT-Berufen: IT-System-Elektroniker, Fachinformatiker mit der Fachrichtung Systemintegration und weitestgehend auch für Informatikkaufleute, soweit es Hardware-, Netzwerk- oder Betriebssystemwissen betrifft.

Die Inhalte des Buches umfassen:

- Micro-Computer-Technik
- Funktionen von Einzelkomponenten im PC
- PC-Netzwerktechnik
- Installation von PC's und PC-Netzwerken
- Betriebssysteme wie
  - DOS
  - Windows NT 4
  - Novell-Netware
  - Unix (Linux)
  - Windows 2000

Ein Schwerpunkt in diesem Buch bildet Windows NT4 mit seiner Erweiterung zu Windows 2000. Immer mehr Firmen haben in den letzten Jahren von anderen Betriebssystemen auf Windows NT aufgerüstet, da es in vielerlei Hinsicht (Sicherheit, Performance, Strukturierung des Netzwerkes) außergewöhnliche Features zu bieten hat.

Der Marktanteil im Netzwerkbereich ist seit dem Erscheinen von Windows NT 4 ständig gestiegen. So war im Jahr 2000 der Markanteil von Windows NT 4 im Server-Bereich bei 41 % angekommen, Tendenz steigend, und nimmt damit eindeutig die Rolle des Marktführers ein. Linux, was ja nur ein Unix-Clone darstellt, hat sich hier zwischenzeitlich sogar vor Novell geschoben und hält einen Markanteil von 27 %. Novell-Netware ist eindeutig der große Verlierer. Während der Marktanteil von Novell im Jahre 1998 noch bei 23 % lag (alle Versionen, 3.12/4.11/5.x zusammen), ist die Tendenz weiter stark fallend, was auch durch Novell 5.x nicht aufzuhalten ist.

All dies ist eine logische Konsequenz aus der Tatsache, daß Microsoft einen Marktanteil im Client-Bereich von 98 % hält. Linux liegt hier bei 2 %, aber mit steigender Tendenz. Um Windows-Clients führt meistens kein Weg vorbei, egal, für welchen Server die Entscheidung gefallen ist. Und wenn schon Windows-Clients vorhanden sind, warum sollte dann nicht auch die Entscheidung für einen Windows-Server fallen, da hier die Komponenten optimal aufeinander abgestimmt sind und optimal miteinander funktionieren, während die Einbindung anderer Betriebssysteme oder softwaremäßiger Netzwerkkomponenten meistens allerlei Probleme in sich birgt, die oftmals auch erst mit der Zeit zu Tage treten. Es ist nun einmal Fakt, dass Microsoft alle in einem Netzwerk benötigten Komponenten, wie z. B. Server- und Client-Betriebssysteme, Office, Backoffice, Proxy-Server und Firewall, Internet-Information-Server, SQL-Server, System-Management-Server, HTML-Erstellung und Verwaltung (FrontPage-WEB) in optimal aufeinander abgestimmten Komponenten für ein Netzwerk, welches den heutigen Anforderungen gerecht werden will, liefert.

Der Umstrukturierungsprozess innerhalb der Geschäftswelt zu NT4 kommt seit einigen Jahren erst so richtig voran, was sicherlich auch damit zusammenhängt, dass ein Betriebssystem immer erst 2–3 Jahren nach dem Erscheinen richtig ausgereift ist, und damit alle Kinderkrankheiten beseitigt sind und es erst dann stabil und zuverlässig läuft (so, wie bei neuer Hardware auch). Die Zukunft wird aber bei Windows 2000 liegen, welches wirklich hervorragende Ideen und Funktionen für die Strukturierung und Verwaltung heutiger Netzwerke in sich birgt und die sowieso schon außergewöhnlichen Features von Windows NT4 weiter ausbaut. Nur muss dieses Betriebssystem durch die Entwicklung seiner ServicePacks erst einmal zu seiner Stabilität finden.

Windows NT 4 hat sich eindeutig in der Geschäftswelt etabliert und wird dies mit seiner Erweiterung zu Windows 2000 auch bleiben, da ein solcher Umstrukturierungsprozess innerhalb einer Firma mit immensen Kosten verbunden ist (Kosten für Hardware, Software, Einrichten der Systeme, Mitarbeiterschulungen, etc.), und Firmen sicherlich nicht alle 2 Jahre bei der Einführung eines neuen Betriebssystems diese Kosten übernehmen können und wollen.

Novell-Netware und Unix werden allerdings auch so ausführlich wie möglich besprochen, da sie in der Geschäftswelt sicherlich auch weit verbreitete Betriebssysteme sind und man immer wieder damit konfrontiert wird. Da dies ein Buch überwiegend für die tägliche Praxis sein soll, wird sich dieses Buch bei Novell-Netware aber auf die Versionen 3.12 und 4.11 beschränken, da nur diese Novell-Betriebssysteme sehr weit verbreitet sind. Netware 5.x spielt eigentlich kaum eine Rolle (Stand Juli 2001), weswegen es in dieser Auflage auch noch nicht enthalten ist.

Noch ein Wort zur ersten Auflage des Buches:

Ich habe des Öfteren Kritik von Lesern erhalten, über teilweise veraltete Techniken, die im Buch beschrieben sind. Einerseits kann aber ein wirkliches Verständnis für neue Techniken erst dann entstehen, wenn die Grundlagen, nämlich die alten Techniken, als Basis heran gezogen werden. Andererseits, wenn Sie in ihrem technischen IT-Beruf einmal Fuß gefasst haben, werden Sie bemerken, dass Sie so gut wie mit allem im Berufsleben konfrontiert werden, was die Computerwelt im technischen Bereich jemals erschaffen hat. In vielen Betrieben wird immer noch mit Windows 3.11 oder in bestimmten Bereichen (Mess-Rechner) sogar noch mit DOS 6.22 gearbeitet, die auf 386er-Systemen ihren Dienst verrichten. Genauso werden Sie mit GHz-Rechnern und Win2000 und allem was dazwischen liegt konfrontiert werden. Es ist einfach ein Irrtum zu glauben, dass alle Welt nur mit dem Neusten vom Neuesten arbeitet. Teilweise trifft dies auf den privaten Bereich zu, da hier die Werbung ihren Zweck erfüllt. In Betrieben sieht die Situation jedoch sehr anders aus, da Betriebe sicherlich nicht dazu bereit sind, alle 1–2 Jahre neue Hard- oder Software anzuschaffen, was oft nur mit erheblichen finanziellen Mitteln ermöglicht werden kann. In Betrieben geht es nicht darum, immer das Neuste vom Neusten zu haben, sondern der betriebliche Ablauf muss über die EDV realisierbar sein. Und solange dies mit vorhandener EDV-Struktur bewältigt werden kann, wird dies auch mit älteren Systemen durch geführt werden.

Rainer Egewardt — Berlin, im Mai 2002

Inhaltsverzeichnis

Komponenten-Übersicht

Bauformen

LAN-Station | Slim-Line | Desktop | Mini-Tower | Midi-Tower | Big-Tower | Laptop

Verarbeitung

CPU | CoPro | RAM | BUS-System | Chip-Satz | Mainboard

Eingabe

Tastatur | Maus | Scanner | Grafik-Tablett

Ausgabe

Monitor | Drucker | Plotter | Sound

Massenspeicher

Festplatte | Diskette | CD-ROM | Streamer | Optical-Disk | DVD

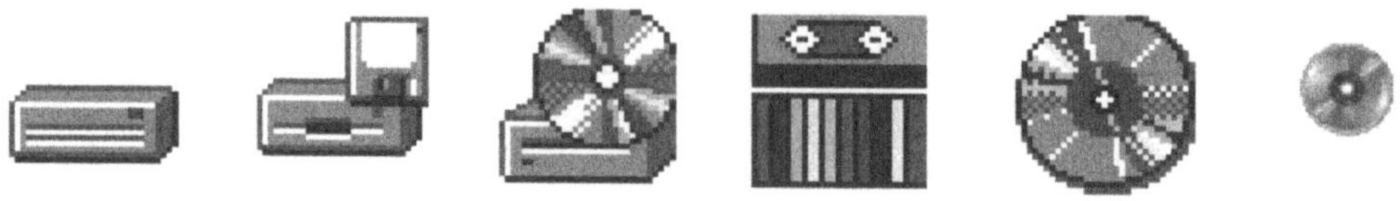

Komponenten (Standard)

I/O-Controller | HDD-Controller | FDD-Controller | Grafikkarte

Komponenten (Optional)

Modem | Soundkarte | Grafik-Subsystem | Netzwerk-Adapter | ISDN-Karte

Anhang A: PIN-Belegungen

A.1 ISA

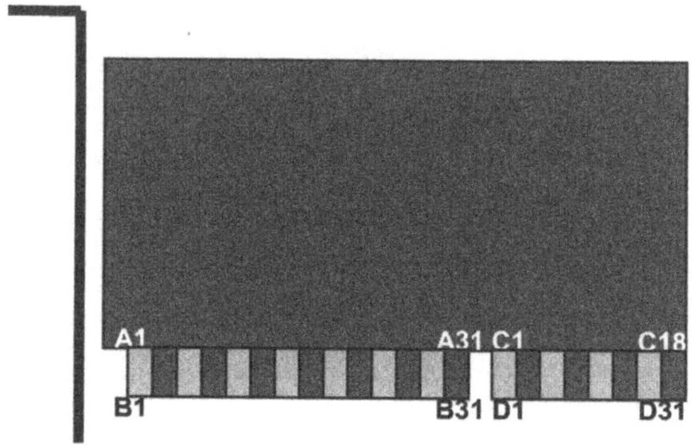

Pin	Name Dir	Beschreibung
A1	/I/O CH CK	I/O channel check; active low=parity error
A2	D7	Data bit 7
A3	D6	Data bit 6
A4	D5	Data bit 5
A5	D4	Data bit 4
A6	D3	Data bit 3
A7	D2	Data bit 2
A8	D1	Data bit 1
A9	D0	Data bit 0
A10	I/O CH RDY	I/O Channel ready, pulled low to lengthen memory cycles
A11	AEN	Address enable; active high when DMA controls bus
A12	A19	Address bit 19
A13	A18	Address bit 18
A14	A17	Address bit 17
A15	A16	Address bit 16
A16	A15	Address bit 15
A17	A14	Address bit 14
A18	A13	Address bit 13

A19	A12	Address bit 12
A20	A11	Address bit 11
A21	A10	Address bit 10
A22	A9	Address bit 9
A23	A8	Address bit 8
A24	A7	Address bit 7
A25	A6	Address bit 6
A26	A5	Address bit 5
A27	A4	Address bit 4
A28	A3	Address bit 3
A29	A2	Address bit 2
A30	A1	Address bit 1
A31	A0	Address bit 0
B1	GND	Ground
B2	RESET	Active high to reset or initialize system logic
B3	+5V	+5 VDC
B4	IRQ2	Interrupt Request 2
B5	-5VDC	-5 VDC
B6	DRQ2	DMA Request 2
B7	-12VDC	-12 VDC
B8	/NOWS	No WaitState
B9	+12VDC	+12 VDC
B10	GND	Ground
B11	/SMEMW	System Memory Write
B12	/SMEMR	System Memory Read
B13	/IOW	I/O Write
B14	/IOR	I/O Read
B15	/DACK3	DMA Acknowledge 3
B16	DRQ3	DMA Request 3
B17	/DACK1	DMA Acknowledge 1
B18	DRQ1	DMA Request 1
B19	/REFRESH	Refresh
B20	CLOCK	System Clock (67 ns, 8-8.33 MHz, 50% duty cycle)
B21	IRQ7	Interrupt Request 7
B22	IRQ6	Interrupt Request 6
B23	IRQ5	Interrupt Request 5

B24	IRQ4	Interrupt Request 4
B25	IRQ3	Interrupt Request 3
B26	/DACK2	DMA Acknowledge 2
B27	T/C	Terminal count; pulses high when DMA term. count reached
B28	ALE	Address Latch Enable
B29	+5V	+5 VDC
B30	OSC	High-speed Clock (70 ns, 14.31818 MHz, 50% duty cycle)
B31	GND	Ground
C1	SBHE	System bus high enable (data available on SD8-15)
C2	LA23	Address bit 23
C3	LA22	Address bit 22
C4	LA21	Address bit 21
C5	LA20	Address bit 20
C6	LA18	Address bit 19
C7	LA17	Address bit 18
C8	LA16	Address bit 17
C9	/MEMR	Memory Read (Active on all memory read cycles)
C10	/MEMW	Memory Write (Active on all memory write cycles)
C11	SD08	Data bit 8
C12	SD09	Data bit 9
C13	SD10	Data bit 10
C14	SD11	Data bit 11
C15	SD12	Data bit 12
C16	SD13	Data bit 13
C17	SD14	Data bit 14
C18	SD15	Data bit 15
D1	/MEMCS16	Memory 16-bit chip select (1 wait, 16-bit memory cycle)
D2	/IOCS16	I/O 16-bit chip select (1 wait, 16-bit I/O cycle)
D3	IRQ10	Interrupt Request 10
D4	IRQ11	Interrupt Request 11
D5	IRQ12	Interrupt Request 12

D6	IRQ15	Interrupt Request 15
D7	IRQ14	Interrupt Request 14
D8	/DACK0	DMA Acknowledge 0
D9	DRQ0	DMA Request 0
D10	/DACK5	DMA Acknowledge 5
D11	DRQ5	DMA Request 5
D12	/DACK6	DMA Acknowledge 6
D13	DRQ6	DMA Request 6
D14	/DACK7	DMA Acknowledge 7
D15	DRQ7	DMA Request 7
D16	+5 V	
D17	/MASTER	Used with DRQ to gain control of system
D18	GND	Ground

A.2 PCI

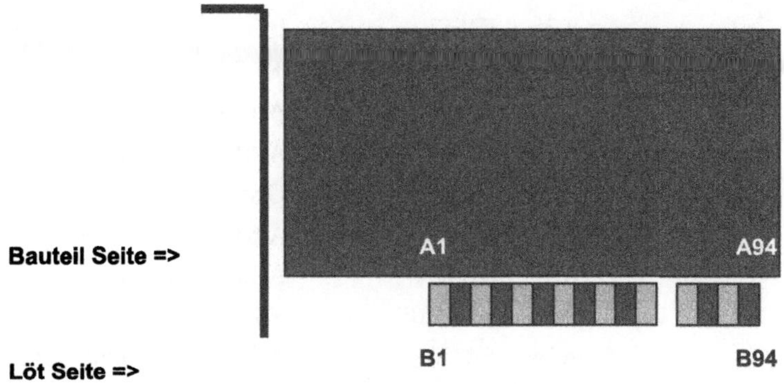

Pin	+5V	+3.3V	Beschreibung
A1	TRST		Test Logic Reset
A2	+12V		+12 VDC
A3	TMS		Test Mde Select
A4	TDI		Test Data Input
A5	+5V		+5 VDC
A6	INTA		Interrupt A
A7	INTC		Interrupt C
A8	+5V		+5 VDC
A9	RESV01		Reserved VDC

A10	+5V	+3.3V	Signal Rail	+V I/O (+5 V or +3.3 V)
A11	RESV03		Reserved VDC	
A12	GND03 (OPEN)	(OPEN)	Ground or Open (Key)	
A13	GND05 (OPEN)	(OPEN)	Ground or Open (Key)	
A14	RESV05		Reserved VDC	
A15	RESET		Reset	
A16	+5V	+3.3V	Signal Rail	+V I/O (+5 V or +3.3 V)
A17	GNT		Grant PCI use	
A18	GND08		Ground	
A19	RESV06		Reserved VDC	
A20	AD30		Address/Data 30	
A21	+3.3V01		+3.3 VDC	
A22	AD28		Address/Data 28	
A23	AD26		Address/Data 26	
A24	GND10		Ground	
A25	AD24		Address/Data 24	
A26	IDSEL		Initialization Device Select	
A27	+3.3V03		+3.3 VDC	
A28	AD22		Address/Data 22	
A29	AD20		Address/Data 20	
A30	GND12		Ground	
A31	AD18		Address/Data 18	
A32	AD16		Address/Data 16	
A33	+3.3V05		+3.3 VDC	
A34	FRAME		Address or Data phase	
A35	GND14		Ground	
A36	TRDY		Target Ready	
A37	GND15		Ground	
A38	STOP		Stop Transfer Cycle	
A39	+3.3V07		+3.3 VDC	
A40	SDONE		Snoop Done	
A41	SBO		Snoop Backoff	
A42	GND17		Ground	
A43	PAR		Parity	
A44	AD15		Address/Data 15	
A45	+3.3V10		+3.3 VDC	
A46	AD13		Address/Data 13	

A47	AD11		Address/Data 11	
A48	GND19		Ground	
A49	AD9		Address/Data 9	
A52	C/BE0		Command, Byte Enable 0	
A53	+3.3V11		+3.3 VDC	
A54	AD6		Address/Data 6	
A55	AD4		Address/Data 4	
A56	GND21		Ground	
A57	AD2		Address/Data 2	
A58	AD0		Address/Data 0	
A59	+5V	+3.3V	Signal Rail	+V I/O (+5 V or +3.3 V)
A60	REQ64		Request 64 bit	
A61	VCC11		+5 VDC	
A62	VCC13		+5 VDC	
A63	GND		Ground	
A64	C/BE[7]#		Command, Byte Enable 7	
A65	C/BE[5]#		Command, Byte Enable 5	
A66	+5V	+3.3V	Signal Rail	+V I/O (+5 V or +3.3 V)
A67	PAR64		Parity 64	
A68	AD62		Address/Data 62	
A69	GND		Ground	
A70	AD60		Address/Data 60	
A71	AD58		Address/Data 58	
A72	GND		Ground	
A73	AD56		Address/Data 56	
A74	AD54		Address/Data 54	
A75	+5V	+3.3V	Signal Rail	+V I/O (+5 V or +3.3 V)
A76	AD52		Address/Data 52	
A77	AD50		Address/Data 50	
A78	GND		Ground	
A79	AD48		Address/Data 48	
A80	AD46		Address/Data 46	
A81	GND		Ground	
A82	AD44		Address/Data 44	
A83	AD42		Address/Data 42	
A84	+5V	+3.3V	Signal Rail	+V I/O (+5 V or +3.3 V)
A85	AD40		Address/Data 40	

A86	AD38		Address/Data 38	
A87	GND		Ground	
A88	AD36		Address/Data 36	
A89	AD34		Address/Data 34	
A90	GND		Ground	
A91	AD32		Address/Data 32	
A92	RES		Reserved	
A93	GND		Ground	
A94	RES		Reserved	
B1	-12V		-12 VDC	
B2	TCK		Test Clock	
B3	GND		Ground	
B4	TDO		Test Data Output	
B5	+5V		+5 VDC	
B6	+5V		+5 VDC	
B7	INTB		Interrupt B	
B8	INTD		Interrupt D	
B9	PRSNT1		Reserved	
B10	RES		+V I/O (+5 V or +3.3 V)	
B11	PRSNT2			
B12	GND	(OPEN)	(OPEN)	Ground or Open (Key)
B13	GND	(OPEN)	(OPEN)	Ground or Open (Key)
B14	RES		Reserved VDC	
B15	GND		Reset	
B16	CLK		Clock	
B17	GND		Ground	
B18	REQ		Request	
B19	+5V	+3.3V	Signal Rail	+V I/O (+5 V or +3.3 V)
B20	AD31		Address/Data 31	
B21	AD29		Address/Data 29	
B22	GND		Ground	
B23	AD27		Address/Data 27	
B24	AD25		Address/Data 25	
B25	+3.3V		+3.3VDC	
B26	C/BE3		Command, Byte Enable 3	
B27	AD23		Address/Data 23	
B28	GND		Ground	

B29	AD21	Address/Data 21
B30	AD19	Address/Data 19
B31	+3.3V	+3.3 VDC
B32	AD17	Address/Data 17
B33	C/BE2	Command, Byte Enable 2
B34	GND13	Ground
B35	IRDY	Initiator Ready
B36	+3.3V06	+3.3 VDC
B37	DEVSEL	Device Select
B38	GND16	Ground
B39	LOCK	Lock bus
B40	PERR	Parity Error
B41	+3.3V08	+3.3 VDC
B42	SERR	System Error
B43	+3.3V09	+3.3 VDC
B44	C/BE1	Command, Byte Enable 1
B45	AD14	Address/Data 14
B46	GND18	Ground
B47	AD12	Address/Data 12
B48	AD10	Address/Data 10
B49	GND20	Ground
B50	(OPEN) GND	(OPEN) Ground or Open (Key)
B51	(OPEN) GND	(OPEN) Ground or Open (Key)
B52	AD8	Address/Data 8
B53	AD7	Address/Data 7
B54	+3.3V12	+3.3 VDC
B55	AD5	Address/Data 5
B56	AD3	Address/Data 3
B57	GND22	Ground
B58	AD1	Address/Data 1
B59	VCC08	+5 VDC
B60	ACK64	Acknowledge 64 bit
B61	VCC10	+5 VDC
B62	VCC12	+5 VDC
B63	RES	Reserved
B64	GND	Ground
B65	C/BE[6]#	Command, Byte Enable 6

B66	C/BE[4]#		Command, Byte Enable 4	
B67	GND		Ground	
B68	AD63		Address/Data 63	
B69	AD61		Address/Data 61	
B70	+5V	+3.3V	Signal Rail	+V I/O (+5 V or +3.3 V)
B71	AD59		Address/Data 59	
B72	AD57		Address/Data 57	
B73	GND		Ground	
B74	AD55		Address/Data 55	
B75	AD53		Address/Data 53	
B76	GND		Ground	
B77	AD51		Address/Data 51	
B78	AD49		Address/Data 49	
B79	+5V	+3.3V	Signal Rail	+V I/O (+5 V or +3.3 V)
B80	AD47		Address/Data 47	
B81	AD45		Address/Data 45	
B82	GND		Ground	
B83	AD43		Address/Data 43	
B84	AD41		Address/Data 41	
B85	GND		Ground	
B86	AD39		Address/Data 39	
B87	AD37		Address/Data 37	
B88	+5V	+3.3V	Signal Rail	+V I/O (+5 V or +3.3 V)
B89	AD35		Address/Data 35	
B90	AD33		Address/Data 33	
B91	GND		Ground	
B92	RES		Reserved	
B93	RES		Reserved	
B94	GND		Ground	

A.3 Parallele Schnittstelle

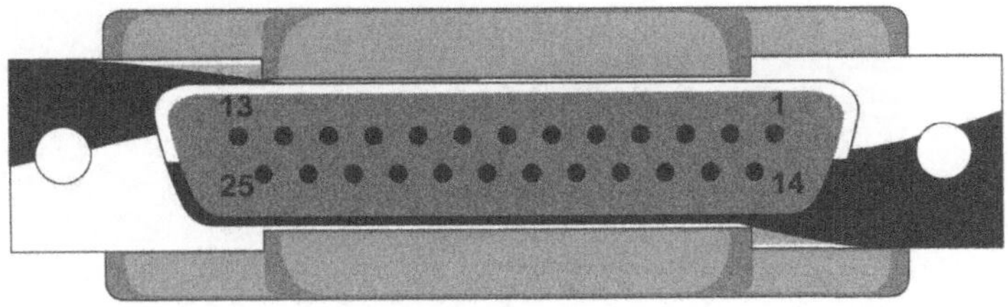

Pin	Name Dir	Beschreibung
1	/STROBE	Strobe
2	D0	Data Bit 0
3	D1	Data Bit 1
4	D2	Data Bit 2
5	D3	Data Bit 3
6	D4	Data Bit 4
7	D5	Data Bit 5
8	D6	Data Bit 6
9	D7	Data Bit 7
10	/ACK	Acknowledge
11	BUSY	Busy
12	PE	Paper End
13	SEL	Select
14	/AUTOFD	Autofeed
15	/ERROR	Error
16	/INIT	Initialize
17	/SELIN	Select In
18	GND	Signal Ground
19	GND	Signal Ground
20	GND	Signal Ground
21	GND	Signal Ground
22	GND	Signal Ground
23	GND	Signal Ground
24	GND	Signal Ground
25	GND	Signal Ground

A.4 Serielle Schnittstelle (RS232)

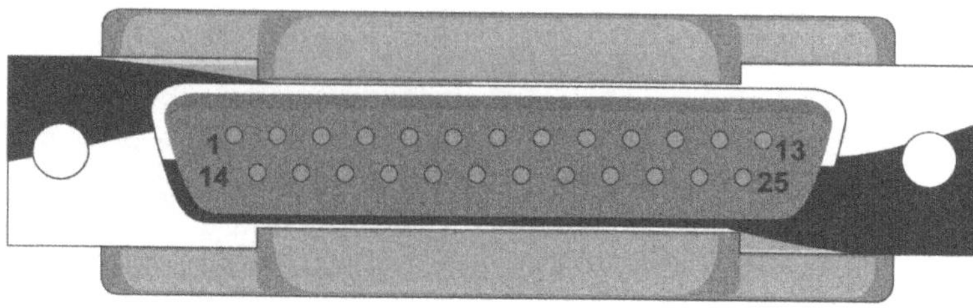

Pin	Name	ITU-T	Dir	Beschreibung
1	GND	101		Shield Ground
2	TXD	103		Transmit Data
3	RXD	104		Receive Data
4	RTS	105		Request to Send
5	CTS	106		Clear to Send
6	DSR	107		Data Set Ready
7	GND	102		System Ground
8	CD	109		Carrier Detect
9	-		-	RESERVED
10	-		-	RESERVED
11	STF	126		Select Transmit Channel
12	S.CD			Secondary Carrier Detect
13	S.CTS			Secondary Clear to Send
14	S.TXD			Secondary Transmit Data
15	TCK	114		Transmission Signal Element Timing
16	S.RXD			Secondary Receive Data
17	RCK	115		Receiver Signal Element Timing
18	LL	141		Local Loop Control
19	S.RTS			Secondary Request to Send
20	DTR	108		Data Terminal Ready
21	RL	140		Remote Loop Control
22	RI	125		Ring Indicator
23	DSR	111		Data Signal Rate Selector
24	XCK	113		Transmit Signal Element Timing
25	TI	142		Test Indicator

A.5 Serielle Schnittstelle (PC9)

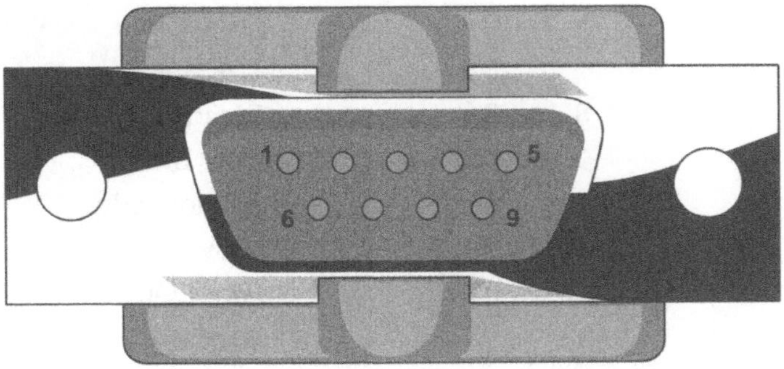

Pin	Name	Dir	Beschreibung
1	CD		Carrier Detect
2	RXD		Receive Data
3	TXD		Transmit Data
4	DTR		Data Terminal Ready
5	GND		System Ground
6	DSR		Data Set Ready
7	RTS		Request to Send
8	CTS		Clear to Send
9	RI		Ring Indicator

A.6 Centronics (Drucker)

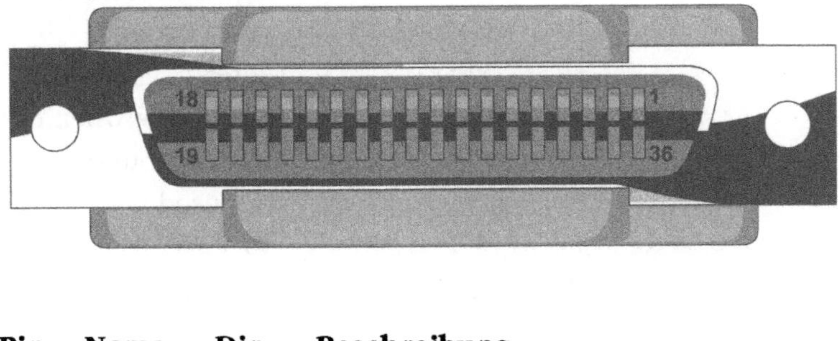

Pin	Name	Dir	Beschreibung
1	/STROBE		Strobe
2	D0		Data Bit 0
3	D1		Data Bit 1

4	D2	Data Bit 2
5	D3	Data Bit 3
6	D4	Data Bit 4
7	D5	Data Bit 5
8	D6	Data Bit 6
9	D7	Data Bit 7
10	/ACK	Acknowledge
11	BUSY	Busy
12	POUT	Paper Out
13	SEL	Select
14	/AUTOFEED	Autofeed
15	n/c -	Not used
16	0 V	Logic Ground
17	CHASSIS GND	Shield Ground
18	+5 V PULLUP	+5 V DC (50 mA max)
19	GND	Signal Ground (Strobe Ground)
20	GND	Signal Ground (Data 0 Ground)
21	GND	Signal Ground (Data 1 Ground)
22	GND	Signal Ground (Data 2 Ground)
23	GND	Signal Ground (Data 3 Ground)
24	GND	Signal Ground (Data 4 Ground)
25	GND	Signal Ground (Data 5 Ground)
26	GND	Signal Ground (Data 6 Ground)
27	GND	Signal Ground (Data 7 Ground)
28	GND	Signal Ground (Acknowledge Ground)
29	GND	Signal Ground (Busy Ground)
30	/GNDRESET	Reset Ground
31	/RESET	Reset
32	/FAULT	Fault (Low when offline)
33	0 V	Signal Ground
34	n/c -	Not used
35	+5 V	+5 V DC
36	/SLCT IN	Select In

A.7 USB (Universal Serial BUS)

Pin	Name	Beschreibung
1	VCC	+5 VDC
2	D-	Data -
3	D+	Data +
4	GND	Ground

A.8 VGA (VESA DDC)

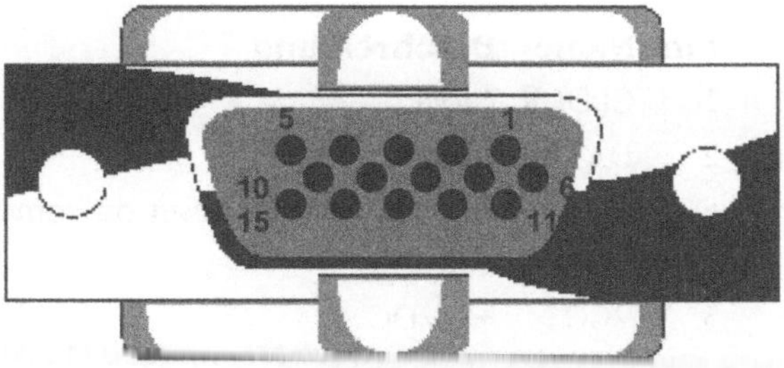

Pin	Name	Dir	Beschreibung
1	RED		Red Video (75 ohm, 0.7 V p-p)
2	GREEN		Green Video (75 ohm, 0.7 V p-p)
3	BLUE		Blue Video (75 ohm, 0.7 V p-p)
4	RES		Reserved
5	GND		Ground
6	RGND		Red Ground
7	GGND		Green Ground
8	BGND		Blue Ground
9	+5V		+5 VDC
10	SGND		Sync Ground
11	ID0		Monitor ID Bit 0 (optional)
12	SDA		DDC Serial Data Line
13	HSYNC or CSYNC		Horizontal Sync (or Composite Sync)
14	VSYNC		Vertical Sync
15	SCL		DDC Data Clock Line

A.9 Tastatur

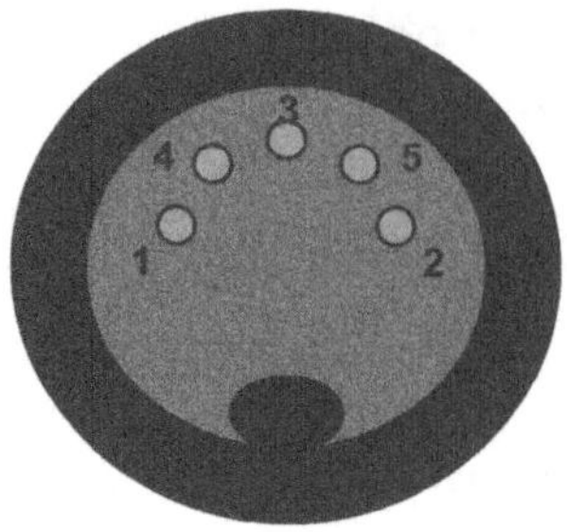

Pin	Name	Beschreibung	
1	CLOCK	Clock	
2	DATA	Data	
3	n/c	Not connected	Reset on some very old keyboards.
4	GND	Ground	
5	VCC	+5 VDC	

A.10 Disketten-Laufwerk

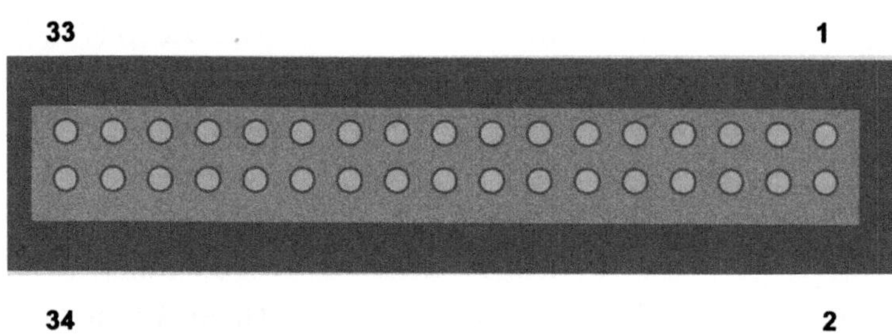

Pin	Name	Dir	Beschreibung
2	/REDWC		Density Select
4	n/c		Reserved
6	n/c		Reserved
8	/INDEX		Index
10	/MOTEA		Motor Enable A
12	/DRVSB		Drive Sel B
14	/DRVSA		Drive Sel A
16	/MOTEB		Motor Enable B

18	/DIR	Direction
20	/STEP	Step
22	/WDATE	Write Data
24	/WGATE	Floppy Write Enable
26	/TRK00	Track 0
28	/WPT	Write Protect
30	/RDATA	Read Data
32	/SIDE1	Head Select
34	/DSKCHG	Disk Change

A.11 IDE-Festplatte

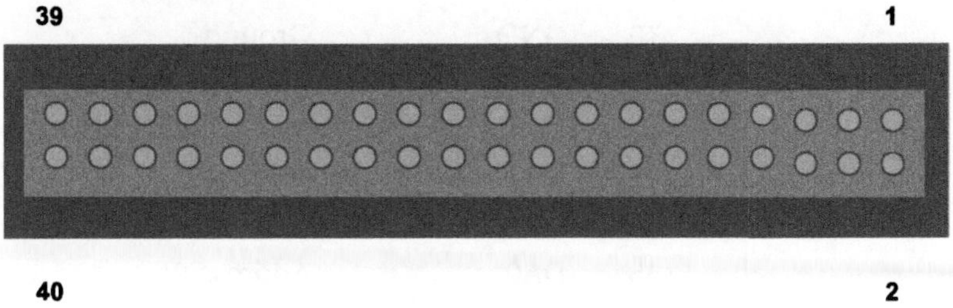

Pin	Name	Dir	Beschreibung
1	/RESET		Reset
2	GND		Ground
3	DD7		Data 7
4	DD8		Data 8
5	DD6		Data 6
6	DD9		Data 9
7	DD5		Data 5
8	DD10		Data 10
9	DD4		Data 4
10	DD11		Data 11
11	DD3		Data 3
12	DD12		Data 12
13	DD2		Data 2
14	DD13		Data 13
15	DD1		Data 1
16	DD14		Data 14
17	DD0		Data 0

18	DD15		Data 15
19	GND		Ground
20	KEY	-	Key
21	n/c	-	Not connected
22	GND		Ground
23	/IOW		Write Strobe
24	GND		Ground
25	/IOR		Read Strobe
26	GND		Ground
27	IO_CH_RDY		
28	ALE		Address Latch Enable
29	n/c	-	Not connected
30	GND		Ground
31	IRQR		Interrupt Request
32	/IOCS16		IO ChipSelect 16
33	DA1		Address 1
34	n/c	-	Not connected
35	DA0		Address 0
36	DA2		Address 2
37	/IDE_CS0		(1F0-1F7)
38	/IDE_CS1		(3F6-3F7)
39	/ACTIVE		Led driver
40	GND		Ground

A.12 EIDE-Festplatte

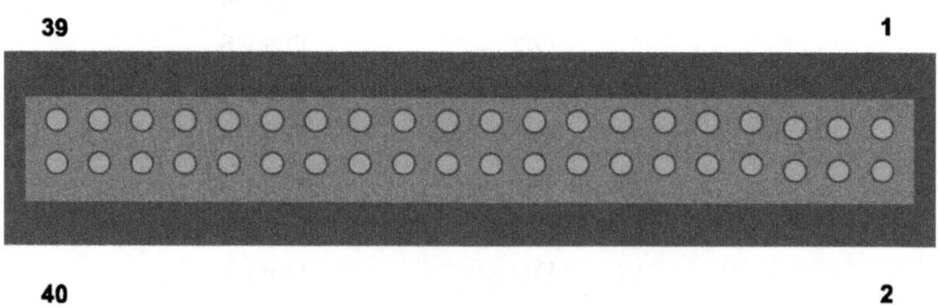

Pin	Name	Dir	Beschreibung
1	/RESET		Reset
2	GND		Ground
3	DD7		Data 7

4	DD8	Data 8
5	DD6	Data 6
6	DD9	Data 9
7	DD5	Data 5
8	DD10	Data 10
9	DD4	Data 4
10	DD11	Data 11
11	DD3	Data 3
12	DD12	Data 12
13	DD2	Data 2
14	DD13	Data 13
15	DD1	Data 1
16	DD14	Data 14
17	DD0	Data 0
18	DD15	Data 15
19	GND	Ground
20	KEY	Key (Pin missing)
21	DMARQ	DMA Request
22	GND	Ground
23	/DIOW	Write Strobe
24	GND	Ground
25	/DIOR	Read Strobe
26	GND	Ground
27	IORDY	I/O Ready
28	SPSYNC:CSEL	Spindle Sync or Cable Select
29	/DMACK	DMA Acknowledge
30	GND	Ground
31	INTRQ	Interrupt Request
32	/IOCS16	IO ChipSelect 16
33	DA1	Address 1
34	PDIAG	Passed Diagnostics
35	DA0	Address 0
36	DA2	Address 2
37	/IDE_CS0	(1F0-1F7)
38	/IDE_CS1	(3F6-3F7)
39	/ACTIVE	Led driver
40	GND	Ground

A.13 SCSI-Festplatte

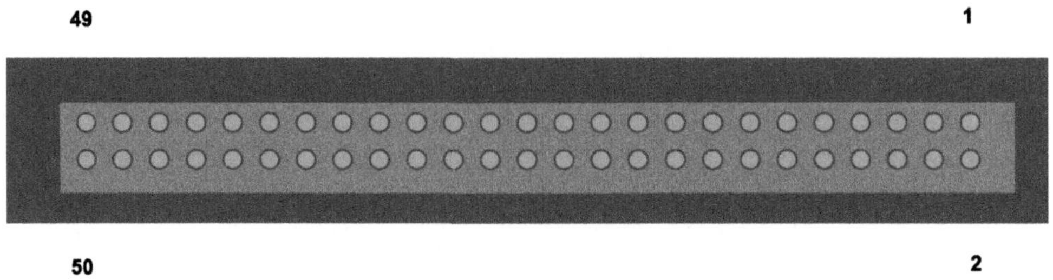

Pin	Name	Dir	Beschreibung
01	GND		Ground
02	GND		Ground
03	+DB0		+Data Bus 0
04	-DB0		-Data Bus 0
05	+DB1		+Data Bus 1
06	-DB1		-Data Bus 1
07	+DB2		+Data Bus 2
08	-DB2		-Data Bus 2
09	+DB3		+Data Bus 3
10	-DB3		-Data Bus 3
11	+DB4		+Data Bus 4
12	-DB4		-Data Bus 4
13	+DB5		+Data Bus 5
14	-DB5		-Data Bus 5
15	+DB6		+Data Bus 6
16	-DB6		-Data Bus 6
17	+DB7		+Data Bus 7
18	-DB7		-Data Bus Parity7
19	+DBP		+Data Bus Parity (odd Parity)
20	-DBP		-Data Bus Parity (odd Parity)
21	DIFFSENS		
22	GND		Ground
23	res	-	Reserved
24	res	-	Reserved
25	TERMPWR		Termination Power
26	TERMPWR		Termination Power
27	res	-	Reserved

28	res	-	Reserved
29	+ATN		+Attention
30	-ATN		-Attention
31	GND		Ground
32	GND		Ground
33	+BSY		+Bus is busy
34	-BSY		-Bus is busy
35	+ACK		+Acknowledge
36	-ACK		-Acknowledge
37	+RST		+Reset
38	-RST		-Reset
39	+MSG		+Message
40	-MSG		-Message
41	+SEL		+Select
42	-SEL		-Select
43	+C/D		+Control or Data
44	-C/D		-Control or Data
45	+REQ		+Request
46	-REQ		-Request
47	+I/O		+In/Out
48	-I/O		-In/Out
49	GND		Ground
50	GND		Ground

A.14 CD-ROM (Mitsumi)

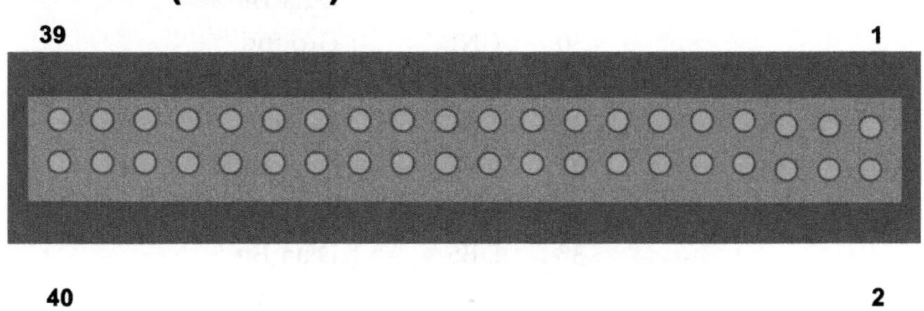

Pin	Name	Beschreibung
1	A0	Address Bit 0
2	GND	Ground
3	A1	Address Bit 1

4	GND	Ground
5	n/c	Not connected
6	GND	Ground
7	n/c	Not connected
8	GND	Ground
9	n/c	Not connected
10	GND	Ground
11	n/c	Not connected
12	GND	Ground
13	INT	Interrupt
14	GND	Ground
15	REQ	Data request For DMA
16	GND	Ground
17	ACK	Data Acknowledge For DMA
18	GND	Ground
19	RE	Read Enable
20	GND	Ground
21	WE	Write Enable
22	GND	Ground
23	EN	Bus Enable
24	GND	Ground
25	DB0	Data Bit 0
26	GND	Ground
27	DB1	Data Bit 1
28	GND	Ground
29	DB2	Data Bit 2
30	GND	Ground
31	DB3	Data Bit 3
32	GND	Ground
33	DB4	Data Bit 4
34	GND	Ground
35	DB5	Data Bit 5
36	GND	Ground
37	DB6	Data Bit 6
38	GND	Ground
39	DB7	Data Bit 7
40	GND	Ground

A.15 30 pin SIMM

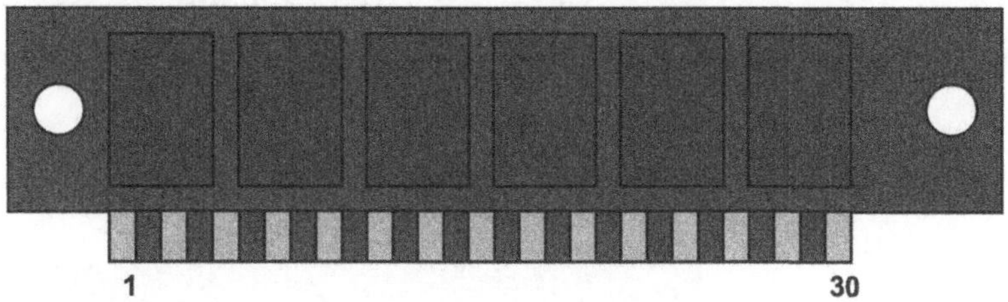

Pin	Name	Beschreibung
1	VCC	+5 VDC
2	/CAS	Column Address Strobe
3	DQ0	Data 0
4	A0	Address 0
5	A1	Address 1
6	DQ1	Data 1
7	A2	Address 2
8	A3	Address 3
9	GND	Ground
10	DQ2	Data 2
11	A4	Address 4
12	A5	Address 5
13	DQ3	Data 3
14	A6	Address 6
15	A7	Address 7
16	DQ4	Data 4
17	A8	Address 8
18	A9	Address 9
19	A10	Address 10
20	DQ5	Data 5
21	/WE	Write Enable
22	GND	Ground
23	DQ6	Data 6
24	A11	Address 11
25	DQ7	Data 7
26	QP	Data Parity Out

27	/RAS	Row Address Strobe
28	/CASP	Something Parity
29	DP	Data Parity In
30	VCC	+5 VDC

A.16 72 pin SIMM

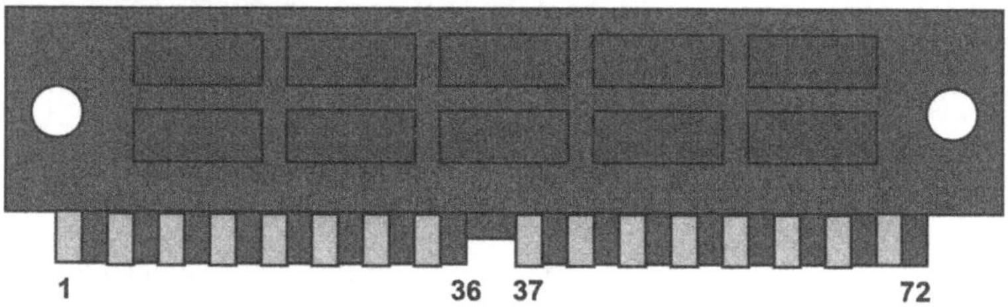

Pin	Non-Parity		Beschreibung
1	VSS	VSS	Ground
2	DQ0	DQ0	Data 0
3	DQ16	DQ16	Data 16
4	DQ1	DQ1	Data 1
5	DQ17	DQ17	Data 17
6	DQ2	DQ2	Data 2
7	DQ18	DQ18	Data 18
8	DQ3	DQ3	Data 3
9	DQ19	DQ19	Data 19
10	VCC	VCC	+5 VDC
11	n/c	n/c	Not connected
12	A0	A0	Address 0
13	A1	A1	Address 1
14	A2	A2	Address 2
15	A3	A3	Address 3
16	A4	A4	Address 4
17	A5	A5	Address 5
18	A6	A6	Address 6
19	A10	A10	Address 10
20	DQ4	DQ4	Data 4
21	DQ20	DQ20	Data 20

22	DQ5	DQ5	Data 5
23	DQ21	DQ21	Data 21
24	DQ6	DQ6	Data 6
25	DQ22	DQ22	Data 22
26	DQ7	DQ7	Data 7
27	DQ23	DQ23	Data 23
28	A7	A7	Address 7
29	A11	A11	Address 11
30	VCC	VCC	+5 VDC
31	A8	A8	Address 8
32	A9	A9	Address 9
33	/RAS3	/RAS3	Row Address Strobe 3
34	/RAS2	/RAS2	Row Address Strobe 2
35	n/c	PQ3	Parity bit 3 (for the 3rd byte, bits 16-23)
36	n/c	PQ1	Parity bit 1 (for the 1st byte, bits 0-7)
37	n/c	PQ2	Parity bit 2 (for the 2nd byte, bits 8-15)
38	n/c	PQ4	Parity bit 4 (for the 4th byte, bits 24-31)
39	VSS	VSS	Ground
40	/CAS0	/CAS0	Column Address Strobe 0
41	/CAS2	/CAS2	Column Address Strobe 2
42	/CAS3	/CAS3	Column Address Strobe 3
43	/CAS1	/CAS1	Column Address Strobe 1
44	/RAS0	/RAS0	Row Address Strobe 0
45	/RAS1	/RAS1	Row Address Strobe 1
46	n/c	n/c	Not connected
47	/WE	/WE	Read/Write
48	n/c	n/c	Not connected
49	DQ8	DQ8	Data 8
50	DQ24	DQ24	Data 24
51	DQ9	DQ9	Data 9
52	DQ25	DQ25	Data 25
53	DQ10	DQ10	Data 10
54	DQ26	DQ26	Data 26
55	DQ11	DQ11	Data 11
56	DQ27	DQ27	Data 27
57	DQ12	DQ12	Data 12

58	DQ28	DQ28	Data 28
59	VCC	VCC	+5 VDC
60	DQ29	DQ29	Data 29
61	DQ13	DQ13	Data 13
62	DQ30	DQ30	Data 30
63	DQ14	DQ14	Data 14
64	DQ31	DQ31	Data 31
65	DQ16	DQ16	Data 16
66	n/c	n/c	Not connected
67	PD1	PD1	Presence Detect 1
68	PD2	PD2	Presence Detect 2
69	PD3	PD3	Presence Detect 3
70	PD4	PD4	Presence Detect 4
71	n/c	n/c	Not connected
72	VSS	VSS	Ground

Size:

PD2	PD1	Size
GND	GND	4 or 64 MB
GND	NC	2 or 32 MB
NC	GND	1 or 16 MB
NC	NC	8 MB

Accesstime:

PD4	PD3	Accesstime
GND	GND	50, 100 ns
GND	NC	80 ns
NC	GND	70 ns
NC	NC	60 ns

A.17 72 pin SDRAM

Pin Bel.	Pin Bel.	Pin Bel.	Pin Bel.	Pin Belegung
1 GND	2 DQ0	3 DQ1	4 DQ2	5 DQ3
6 DQ4	7 DQ5	8 DQ6	9 DQ7	10 + Volt
11 DQ8	12 DQ9	13 DQ10	14 DQ11	15 DQ12

16 DQ13	17 GND	18 DQ14	19 DQ15	20 nc
21 /CAS0	22 /CAS1	23 A3	24 A2	25 A1
26 + Volt	27 A0	28 A10	29 A11	30 nc
31 GND	32 /RAS	33 /CAS	34 /WE	35 A4
36 A5	37 A6	38 A7	39 A8	40 A9
41 nc	42 GND	43 CKE0	44 CKE1	45 nc
46 CLK	47 + Volt	48 DQM0	49 DQM1	50 DQ16
51 DQ17	52 DQ18	53 DQ19	54 DQ20	55 DQ21
56 GND	57 DQ22	58 DQ23	59 DQ24	60 DQ25
61 + Volt	62 DQ26	63 DQ27	64 DQ28	65 DQ29
66 DQ30	67 DQ31	68 DQ32	69 DQ33	70 DQ34
71 DQ35	72 GND			

A.18 168 pin DRAM DIMM (Unbuffered)

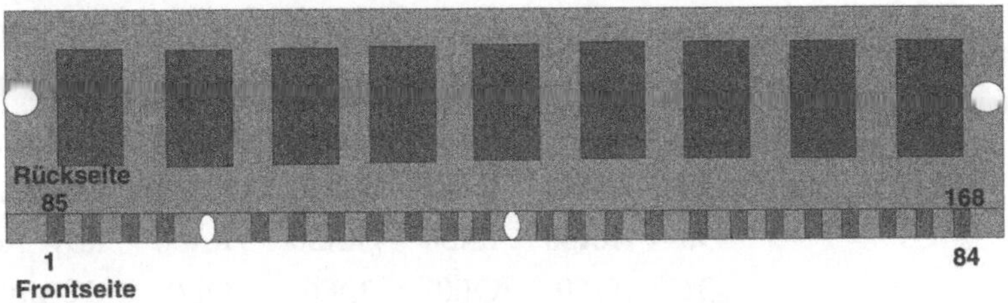

Pin	Non-Parity	Parity	72 ECC	80 ECC	Beschreibung
1	VSS	VSS	VSS	VSS	Ground
2	DQ0	DQ0	DQ0	DQ0	Data 0
3	DQ1	DQ1	DQ1	DQ1	Data 1
4	DQ2	DQ2	DQ2	DQ2	Data 2
5	DQ3	DQ3	DQ3	DQ3	Data 3
6	VCC	VCC	VCC	VCC	+5 VDC or +3.3 VDC
7	DQ4	DQ4	DQ4	DQ4	Data 4
8	DQ5	DQ5	DQ5	DQ5	Data 5
9	DQ6	DQ6	DQ6	DQ6	Data 6
10	DQ7	DQ7	DQ7	DQ7	Data 7
11	DQ8	DQ8	DQ8	DQ8	Data 8
12	VSS	VSS	VSS	VSS	Ground
13	DQ9	DQ9	DQ9	DQ9	Data 9

14	DQ10	DQ10	DQ10	DQ10	Data 10
15	DQ11	DQ11	DQ11	DQ11	Data 11
16	DQ12	DQ12	DQ12	DQ12	Data 12
17	DQ13	DQ13	DQ13	DQ13	Data 13
18	VCC	VCC	VCC	VCC	+5 VDC or +3.3 VDC
19	DQ14	DQ14	DQ14	DQ14	Data 14
20	DQ15	DQ15	DQ15	DQ15	Data 15
21	n/c	CB0	CB0	CB0	Parity/Check Bit Input/Output 0
22	n/c	CB1	CB1	CB1	Parity/Check Bit Input/Output 1
23	VSS	VSS	VSS	VSS	Ground
24	n/c	n/c	n/c	CB8	Parity/Check Bit Input/Output 8
25	n/c	n/c	n/c	CB9	Parity/Check Bit Input/Output 9
26	VCC	VCC	VCC	VCC	+5 VDC or +3.3 VDC
27	/WE0	/WE0	/WE0	/WE0	Read/Write Input
28	/CAS0	/CAS0	/CAS0	/CAS0	Column Address Strobe 0
29	/CAS1	/CAS1	/CAS1	/CAS1	Column Address Strobe 1
30	/RAS0	/RAS0	/RAS0	/RAS0	Row Address Strobe 0
31	/OE0	/OE0	/OE0	/OE0	Output Enable
32	VSS	VSS	VSS	VSS	Ground
33	A0	A0	A0	A0	Address 0
34	A2	A2	A2	A2	Address 2
35	A4	A4	A4	A4	Address 4
36	A6	A6	A6	A6	Address 6
37	A8	A8	A8	A8	Address 8
38	A10	A10	A10	A10	Address 10
39	A12	A12	A12	A12	Address 12
40	VCC	VCC	VCC	VCC	+5 VDC or +3.3 VDC
41	VCC	VCC	VCC	VCC	+5 VDC or +3.3 VDC
42	DU	DU	DU	DU	Don' t Use
43	VSS	VSS	VSS	VSS	Ground
44	/OE2	/OE2	/OE2	/OE2	
45	/RAS2	/RAS2	/RAS2	/RAS2	Row Address Strobe 2
46	/CAS2	/CAS2	/CAS2	/CAS2	Column Address Strobe 2
47	/CAS3	/CAS3	/CAS3	/CAS3	Column Address Strobe 3

48	/WE2	/WE2	/WE2	/WE2	Read/Write Input
49	VCC	VCC	VCC	VCC	+5 VDC or +3.3 VDC
50	n/c	n/c	n/c	CB10	Parity/Check Bit Input/Output 10
51	n/c	n/c	n/c	CB11	Parity/Check Bit Input/Output 11
52	n/c	CB2	CB2	CB2	Parity/Check Bit Input/Output 2
53	n/c	CB3	CB3	CB3	Parity/Check Bit Input/Output 3
54	VSS	VSS	VSS	VSS	Ground
55	DQ16	DQ16	DQ16	DQ16	Data 16
56	DQ17	DQ17	DQ17	DQ17	Data 17
57	DQ18	DQ18	DQ18	DQ18	Data 18
58	DQ19	DQ19	DQ19	DQ19	Data 19
59	VCC	VCC	VCC	VCC	+5 VDC or +3.3 VDC
60	DQ20	DQ20	DQ20	DQ20	Data 20
61	n/c	n/c	n/c	n/c	Not connected
62	DU	DU	DU	DU	Don' t Use
63	n/c	n/c	n/c	n/c	Not connected
64	VSS	VSS	VSS	VSS	Ground
65	DQ21	DQ21	DQ21	DQ21	Data 21
66	DQ22	DQ22	DQ22	DQ22	Data 22
67	DQ23	DQ23	DQ23	DQ23	Data 23
68	VSS	VSS	VSS	VSS	Ground
69	DQ24	DQ24	DQ24	DQ24	Data 24
70	DQ25	DQ25	DQ25	DQ25	Data 25
71	DQ26	DQ26	DQ26	DQ26	Data 26
72	DQ27	DQ27	DQ27	DQ27	Data 27
73	VCC	VCC	VCC	VCC	+5 VDC or +3.3 VDC
74	DQ28	DQ28	DQ28	DQ28	Data 28
75	DQ29	DQ29	DQ29	DQ29	Data 29
76	DQ30	DQ30	DQ30	DQ30	Data 30
77	DQ31	DQ31	DQ31	DQ31	Data 31
78	VSS	VSS	VSS	VSS	Ground
79	n/c	n/c	n/c	n/c	Not connected
80	n/c	n/c	n/c	n/c	Not connected
81	n/c	n/c	n/c	n/c	Not connected

82	SDA	SDA	SDA	SDA	Serial Data
83	SCL	SCL	SCL	SCL	Serial Clock
84	VCC	VCC	VCC	VCC	+5 VDC or +3.3 VDC
85	VSS	VSS	VSS	VSS	Ground
86	DQ32	DQ32	DQ32	DQ32	Data 32
87	DQ33	DQ33	DQ33	DQ33	Data 33
88	DQ34	DQ34	DQ34	DQ34	Data 34
89	DQ35	DQ35	DQ35	DQ35	Data 35
90	VCC	VCC	VCC	VCC	+5 VDC or +3.3 VDC
91	DQ36	DQ36	DQ36	DQ36	Data 36
92	DQ37	DQ37	DQ37	DQ37	Data 37
93	DQ38	DQ38	DQ38	DQ38	Data 38
94	DQ39	DQ39	DQ39	DQ39	Data 39
95	DQ40	DQ40	DQ40	DQ40	Data 40
96	VSS	VSS	VSS	VSS	Ground
97	DQ41	DQ41	DQ41	DQ41	Data 41
98	DQ42	DQ42	DQ42	DQ42	Data 42
99	DQ43	DQ43	DQ43	DQ43	Data 43
100	DQ44	DQ44	DQ44	DQ44	Data 44
101	DQ45	DQ45	DQ45	DQ45	Data 45
102	VCC	VCC	VCC	VCC	+5 VDC or +3.3 VDC
103	DQ46	DQ46	DQ46	DQ46	Data 46
104	DQ47	DQ47	DQ47	DQ47	Data 47
105	n/c	CB4	CB4	CB4	Parity/Check Bit Input/Output 4
106	n/c	CB5	CB5	CB5	Parity/Check Bit Input/Output 5
107	VSS	VSS	VSS	VSS	Ground
108	n/c	n/c	n/c	CB12	Parity/Check Bit Input/Output 12
109	n/c	n/c	n/c	CB13	Parity/Check Bit Input/Output 13
110	VCC	VCC	VCC	VCC	+5 VDC or +3.3 VDC
111	DU	DU	DU	DU	Don' t Use
112	/CAS4	/CAS4	/CAS4	/CAS4	Column Address Strobe 4
113	/CAS5	/CAS5	/CAS5	/CAS5	Column Address Strobe 5
114	/RAS1	/RAS1	/RAS1	/RAS1	Row Address Strobe 1
115	DU	DU	DU	DU	Don' t Use

116	VSS	VSS	VSS	VSS	Ground
117	A1	A1	A1	A1	Address 1
118	A3	A3	A3	A3	Address 3
119	A5	A5	A5	A5	Address 5
120	A7	A7	A7	A7	Address 7
121	A9	A9	A9	A9	Address 9
122	A11	A11	A11	A11	Address 11
123	A13	A13	A13	A13	Address 13
124	VCC	VCC	VCC	VCC	+5 VDC or +3.3 VDC
125	DU	DU	DU	DU	Don' t Use
126	DU	DU	DU	DU	Don' t Use
127	VSS	VSS	VSS	VSS	Ground
128	DU	DU	DU	DU	Don' t Use
129	/RAS3	/RAS3	/RAS3	/RAS3	Column Address Strobe 3
130	/CAS6	/CAS6	/CAS6	/CAS6	Column Address Strobe 6
131	/CAS7	/CAS7	/CAS7	/CAS7	Column Address Strobe 7
132	DU	DU	DU	DU	Don' t Use
133	VCC	VCC	VCC	VCC	+5 VDC or +3.3 VDC
134	n/c	n/c	n/c	CB14	Parity/Check Bit Input/Output 14
135	n/c	n/c	n/c	CB15	Parity/Check Bit Input/Output 15
136	n/c	CB6	CB6	CB6	Parity/Check Bit Input/Output 6
137	n/c	CB7	CB7	CB7	Parity/Check Bit Input/Output 7
138	VSS	VSS	VSS	VSS	Ground
139	DQ48	DQ48	DQ48	DQ48	Data 48
140	DQ49	DQ49	DQ49	DQ49	Data 49
141	DQ50	DQ50	DQ50	DQ50	Data 50
142	DQ51	DQ51	DQ51	DQ51	Data 51
143	VCC	VCC	VCC	VCC	+5 VDC or +3.3 VDC
144	DQ52	DQ52	DQ52	DQ52	Data 52
145	n/c	n/c	n/c	n/c	Not connected
146	DU	DU	DU	DU	Don' t Use
147	n/c	n/c	n/c	n/c	Not connected
148	VSS	VSS	VSS	VSS	Ground
149	DQ53	DQ53	DQ53	DQ53	Data 53

150	DQ54	DQ54	DQ54	DQ54	Data 54
151	DQ55	DQ55	DQ55	DQ55	Data 55
152	VSS	VSS	VSS	VSS	Ground
153	DQ56	DQ56	DQ56	DQ56	Data 56
154	DQ57	DQ57	DQ57	DQ57	Data 57
155	DQ58	DQ58	DQ58	DQ58	Data 58
156	DQ59	DQ59	DQ59	DQ59	Data 59
157	VCC	VCC	VCC	VCC	+5 VDC or +3.3 VDC
158	DQ60	DQ60	DQ60	DQ60	Data 60
159	DQ61	DQ61	DQ61	DQ61	Data 61
160	DQ62	DQ62	DQ62	DQ62	Data 62
161	DQ63	DQ63	DQ63	DQ63	Data 63
162	VSS	VSS	VSS	VSS	Ground
163	CK3	CK3	CK3	CK3	
164	n/c	n/c	n/c	n/c	Not connected
165	SA0	SA0	SA0	SA0	Serial Address 0
166	SA1	SA1	SA1	SA1	Serial Address 1
167	SA2	SA2	SA2	SA2	Serial Address 2
168	VCC	VCC	VCC	VCC	+5 VDC or +3.3 VDC

A.19 168 pin SDRAM DIMM (Unbuffered)

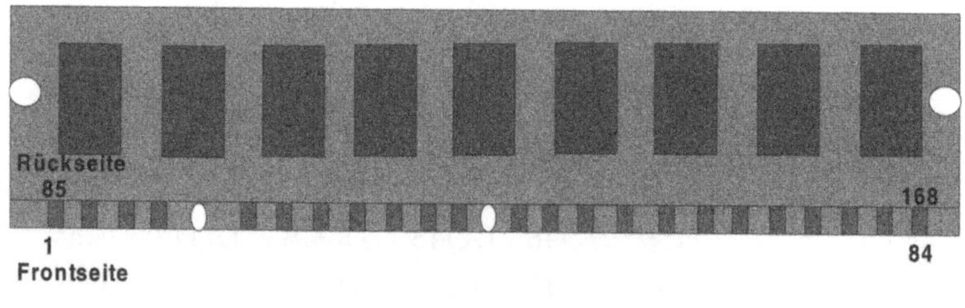

Pin	Non-Parity	72 ECC	80 ECC	Beschreibung
1	VSS	VSS	VSS	Ground
2	DQ0	DQ0	DQ0	Data 0
3	DQ1	DQ1	DQ1	Data 1
4	DQ2	DQ2	DQ2	Data 2
5	DQ3	DQ3	DQ3	Data 3
6	VDD	VDD	VDD	+5 VDC or +3.3 VDC

7	DQ4	DQ4	DQ4	Data 4
8	DQ5	DQ5	DQ5	Data 5
9	DQ6	DQ6	DQ6	Data 6
10	DQ7	DQ7	DQ7	Data 7
11	DQ8	DQ8	DQ8	Data 8
12	VSS	VSS	VSS	Ground
13	DQ9	DQ9	DQ9	Data 9
14	DQ10	DQ10	DQ10	Data 10
15	DQ11	DQ11	DQ11	Data 11
16	DQ12	DQ12	DQ12	Data 12
17	DQ13	DQ13	DQ13	Data 13
18	VDD	VDD	VDD	+5 VDC or +3.3 VDC
19	DQ14	DQ14	DQ14	Data 14
20	DQ15	DQ15	DQ15	Data 15
21	n/c	CB0	CB0	Parity/Check Bit Input/Output 0
22	n/c	CB1	CB1	Parity/Check Bit Input/Output 01
23	VSS	VSS	VSS	Ground
24	n/c	n/c	CB8	Parity/Check Bit Input/Output 8
25	n/c	n/c	CB9	Parity/Check Bit Input/Output 9
26	VDD	VDD	VDD	+5 VDC or +3.3 VDC
27	/WE	/WE	/WE	Read/Write
28	DQMB0	DQMB0	DQMB0	Byte Mask signal 0
29	DQMB1	DQMB1	DQMB1	Byte Mask signal 1
30	/S0	/S0	/S0	Chip Select 0
31	DU	DU	DU	Don' t Use
32	VSS	VSS	VSS	Ground
33	A0	A0	A0	Address 0
34	A2	A2	A2	Address 2
35	A4	A4	A4	Address 4
36	A6	A6	A6	Address 6
37	A8	A8	A8	Address 8
38	A10/AP	A10/AP	A10/AP	Address 10
39	BA1	BA1	BA1	Bank Address 1
40	VDD	VDD	VDD	+5 VDC or +3.3 VDC
41	VDD	VDD	VDD	+5 VDC or +3.3 VDC
42	CK0	CK0	CK0	Clock signal 0
43	VSS	VSS	VSS	Ground

44	DU	DU	DU	Don' t Use
45	/S2	/S2	/S2	Chip Select 2
46	DQMB2	DQMB2	DQMB2	Byte Mask signal 2
47	DQMB3	DQMB3	DQMB3	Byte Mask signal 3
48	DU	DU	DU	Don' t Use
49	VDD	VDD	VDD	+5 VDC or +3.3 VDC
50	n/c	n/c	CB10	Parity/Check Bit Input/Output 10
51	n/c	n/c	CB11	Parity/Check Bit Input/Output 11
52	n/c	CB2	CB2	Parity/Check Bit Input/Output 2
53	n/c	CB3	CB3	Parity/Check Bit Input/Output 3
54	VSS	VSS	VSS	Ground
55	DQ16	DQ16	DQ16	Data 16
56	DQ17	DQ17	DQ17	Data 17
57	DQ18	DQ18	DQ18	Data 18
58	DQ19	DQ19	DQ19	Data 19
59	VDD	VDD	VDD	+5 VDC or +3.3 VDC
60	DQ20	DQ20	DQ20	Data 20
61	n/c	n/c	n/c	Not connected
62	Vref,NC	Vref,NC	Vref,NC	
63	CKE1	CKE1	CKE1	Clock Enable Signal 1
64	VSS	VSS	VSS	Ground
65	DQ21	DQ21	DQ21	Data 21
66	DQ22	DQ22	DQ22	Data 22
67	DQ23	DQ23	DQ23	Data 23
68	VSS	VSS	VSS	Ground
69	DQ24	DQ24	DQ24	Data 24
70	DQ25	DQ25	DQ25	Data 25
71	DQ26	DQ26	DQ26	Data 26
72	DQ27	DQ27	DQ27	Data 27
73	VDD	VDD	VDD	+5 VDC or +3.3 VDC
74	DQ28	DQ28	DQ28	Data 28
75	DQ29	DQ29	DQ29	Data 29
76	DQ30	DQ30	DQ30	Data 30
77	DQ31	DQ31	DQ31	Data 31
78	VSS	VSS	VSS	Ground
79	CK2	CK2	CK2	Clock signal 2
80	n/c	n/c	n/c	Not connected

81	n/c	n/c	n/c	Not connected
82	SDA	SDA	SDA	Serial Data
83	SCL	SCL	SCL	Serial Clock
84	VDD	VDD	VDD	+5 VDC or +3.3 VDC
85	VSS	VSS	VSS	Ground
86	DQ32	DQ32	DQ32	Data 32
87	DQ33	DQ33	DQ33	Data 33
88	DQ34	DQ34	DQ34	Data 34
89	DQ35	DQ35	DQ35	Data 35
90	VDD	VDD	VDD	+5 VDC or +3.3 VDC
91	DQ36	DQ36	DQ36	Data 36
92	DQ37	DQ37	DQ37	Data 37
93	DQ38	DQ38	DQ38	Data 38
94	DQ39	DQ39	DQ39	Data 39
95	DQ40	DQ40	DQ40	Data 40
96	VSS	VSS	VSS	Ground
97	DQ41	DQ41	DQ41	Data 41
98	DQ42	DQ42	DQ42	Data 42
99	DQ43	DQ43	DQ43	Data 43
100	DQ44	DQ44	DQ44	Data 44
101	DQ45	DQ45	DQ45	Data 45
102	VDD	VDD	VDD	+5 VDC or +3.3 VDC
103	DQ46	DQ46	DQ46	Data 46
104	DQ47	DQ47	DQ47	Data 47
105	n/c	CB4	CB4	Parity/Check Bit Input/Output 4
106	n/c	CB5	CB5	Parity/Check Bit Input/Output 5
107	VSS	VSS	VSS	Ground
108	n/c	n/c	CB12	Parity/Check Bit Input/Output 12
109	n/c	n/c	CB13	Parity/Check Bit Input/Output 13
110	VDD	VDD	VDD	+5 VDC or +3.3 VDC
111	/CAS	/CAS	/CAS	Column Address Strobe
112	DQMB4	DQMB4	DQMB4	Byte Mask signal 4
113	DQMB5	DQMB5	DQMB5	Byte Mask signal 5
114	/S1	/S1	/S1	Chip Select 1
115	/RAS	/RAS	/RAS	Row Address Strobe
116	VSS	VSS	VSS	Ground
117	A1	A1	A1	Address 1

118	A3	A3	A3	Address 3
119	A5	A5	A5	Address 5
120	A7	A7	A7	Address 7
121	A9	A9	A9	Address 9
122	BA0	BA0	BA0	Bank Address 0
123	A11	A11	A11	Address 11
124	VDD	VDD	VDD	+5 VDC or +3.3 VDC
125	CK1	CK1	CK1	Clock signal 1
126	A12	A12	A12	Address 12
127	VSS	VSS	VSS	Ground
128	CKE0	CKE0	CKE0	Clock Enable Signal 0
129	/S3	/S3	/S3	Chip Select 3
130	DQMB6	DQMB6	DQMB6	Byte Mask signal 6
131	DQMB7	DQMB7	DQMB7	Byte Mask signal 7
132	A13	A13	A13	Address 13
133	VDD	VDD	VDD	+5 VDC or +3.3 VDC
134	n/c	n/c	CB14	Parity/Check Bit Input/Output 14
135	n/c	n/c	CB15	Parity/Check Bit Input/Output 15
136	n/c	CB6	CB6	Parity/Check Bit Input/Output 6
137	n/c	CB7	CB7	Parity/Check Bit Input/Output 7
138	VSS	VSS	VSS	Ground
139	DQ48	DQ48	DQ48	Data 48
140	DQ49	DQ49	DQ49	Data 49
141	DQ50	DQ50	DQ50	Data 50
142	DQ51	DQ51	DQ51	Data 51
143	VDD	VDD	VDD	+5 VDC or +3.3 VDC
144	DQ52	DQ52	DQ52	Data 52
145	n/c	n/c	n/c	Not connected
146	Vref,NC	Vref,NC	Vref,NC	
147	n/c	n/c	n/c	Not connected
148	VSS	VSS	VSS	Ground
149	DQ53	DQ53	DQ53	Data 53
150	DQ54	DQ54	DQ54	Data 54
151	DQ55	DQ55	DQ55	Data 55
152	VSS	VSS	VSS	Ground
153	DQ56	DQ56	DQ56	Data 56
154	DQ57	DQ57	DQ57	Data 57

155	DQ58	DQ58	DQ58	Data 58
156	DQ59	DQ59	DQ59	Data 59
157	VDD	VDD	VDD	+5 VDC or +3.3 VDC
158	DQ60	DQ60	DQ60	Data 60
159	DQ61	DQ61	DQ61	Data 61
160	DQ62	DQ62	DQ62	Data 62
161	DQ63	DQ63	DQ63	Data 63
162	VSS	VSS	VSS	Ground
163	CK3	CK3	CK3	Clock signal 3
164	n/c	n/c	n/c	Not connected
165	SA0	SA0	SA0	Serial address 0
166	SA1	SA1	SA1	Serial address 1
167	SA2	SA2	SA2	Serial address 2
168	VDD	VDD	VDD	+5 VDC or +3.3 VDC

A.20 Mainboard Spannungsanschluss

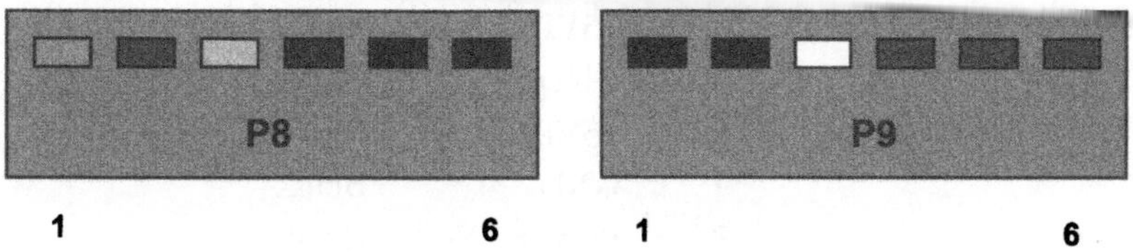

Stecker P8:

Pin	Name	Farbe	Beschreibung
1	PG	Orange	Power Good, +5 VDC when all voltages has stabilized.
2	+5V	Red	+5 VDC (or n/c)
3	+12V	Yellow	+12 VDC
4	-12V	Blue	-12 VDC
5	GND	Black	Ground
6	GND	Black	Ground

Stecker P9:

Pin	Name	Farbe	Beschreibung
1	GND	Black	Ground
2	GND	Black	Ground
3	-5V	White or Yellow	-5 VDC

4	+5V	Red	+5 VDC
5	+5V	Red	+5 VDC
6	+5V	Red	+5 VDC

ATX-Stecker

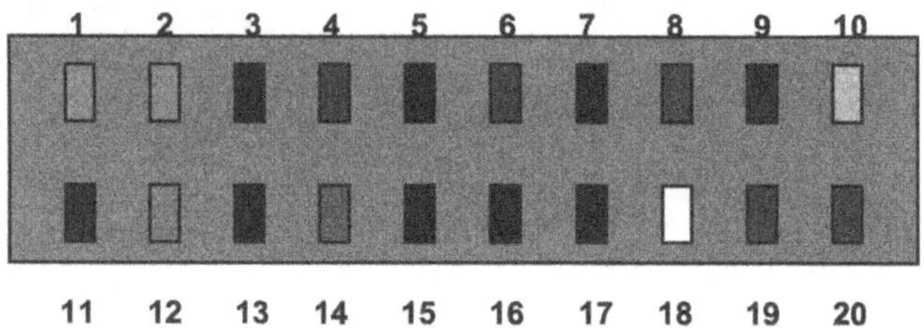

Pin	**Name**	**Farbe**	**Beschreibung**
1	+3,3VDC	Orange	
2	+3,3VDC	Orange	
3	GND	Black	
4	+5VDC	Red	
5	GND	Black	
6	+5VDC	Red	
7	GND	Black	
8	Power_OK	Grey	
9	+5VSB	Blue	
10	+12VDC	Yellow	
11	+3,3VDC	Brown	
12	-12VDC	Light-Blue	
13	GND	Black	
14	PS_ON	Green	
15	GND	Black	
16	GND	Black	
17	GND	Black	
18	-5VDC	White	
19	+5VDC	Red	
20	+5VDC	Red	

A.21 Ethernet 10/100Base-T

von vorn:

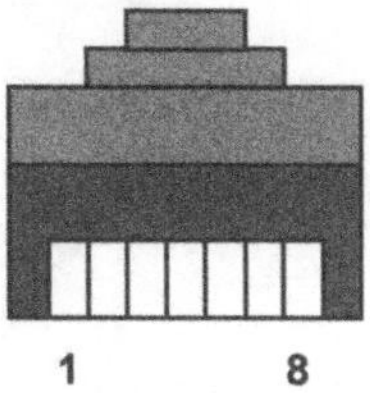

Pin	Name	Beschreibung
1	TX+	Transceive Data+
2	TX-	Transceive Data-
3	RX+	Receive Data+
4	n/c	Not connected
5	n/c	Not connected
6	RX-	Receive Data-
7	n/c	Not connected
8	n/c	Not connected

A.22 Ethernet 100Base-T4

von vorn:

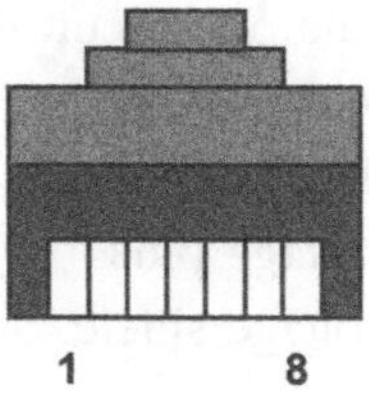

Pin	Name	Beschreibung
1	TX_D1+	Tranceive Data+
2	TX_D1-	Tranceive Data-
3	RX_D2+	Receive Data+
4	BI_D3+	Bi-directional Data+
5	BI_D3-	Bi-directional Data-
6	RX_D2-	Receive Data-
7	BI_D4+	Bi-directional Data+
8	BI_D4-	Bi-directional Data-

A.23 AUI

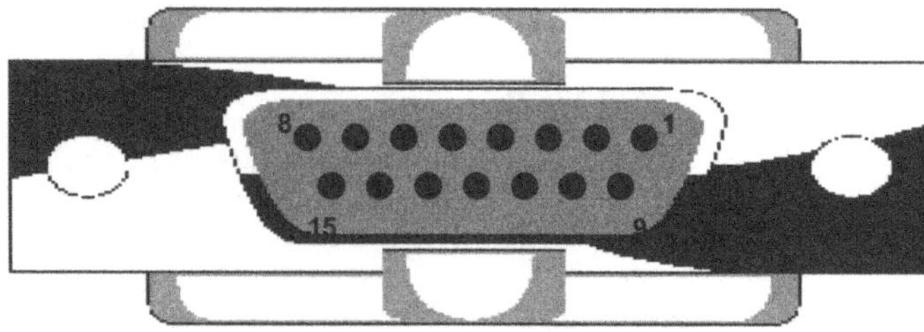

Pin	Beschreibung
1	control in circuit shield
2	control in circuit A
3	data out circuit A
4	data in circuit shield
5	data in circuit A
6	voltage common
7	
8	control out circuit shield
9	control in circuit B
10	data out circuit B
11	data out circuit shield
12	data in circuit B
13	voltage plus
14	voltage shield
15	

A.24 Nullmodem (9-9)

	D-Sub1	D-Sub2	
Receive Data	2	3	Transmit Data
Transmit Data	3	2	Receive Data
Data Terminal Ready	4	6+1	Data Set Ready + Carrier Detect
System Ground	5	5	System Ground
Data Set Ready + Carrier Detect	6+1	4	Data Terminal Ready
Request to Send	7	8	Clear to Send
Clear to Send	8	7	Request to Send

A.25 Maus (PS/2)

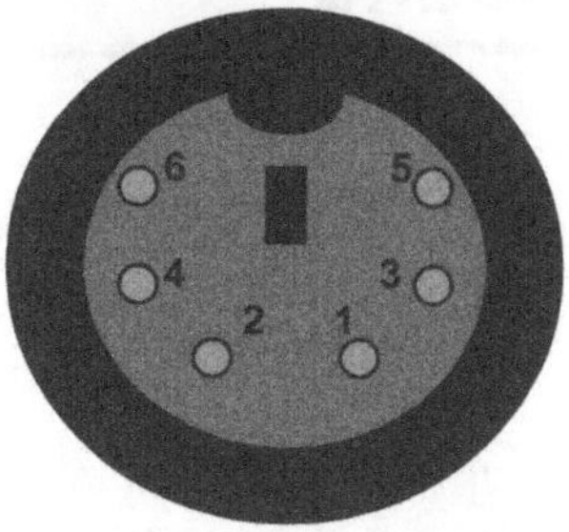

Pin	**Name**	**Dir**	**Beschreibung**
1	DATA		Key Data
2	n/c	-	Not connected
3	GND		Gnd
4	VCC		Power , +5 VDC
5	CLK		Clock
6	n/c	-	Not connected

Anhang B: Trouble-Shooting

B.1 Rechner startet nicht, Bildschirm bleibt dunkel

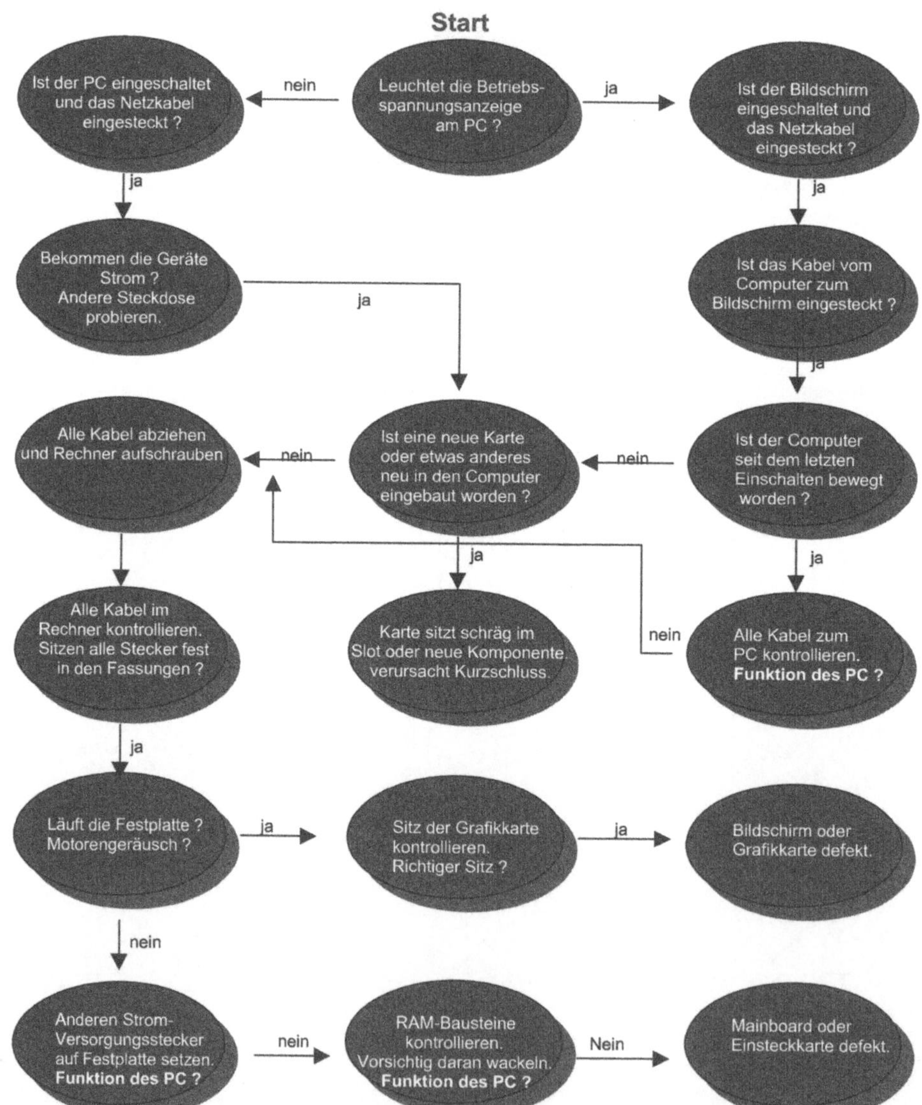

B.2 Rechner bootet nicht, aber Meldung erscheint

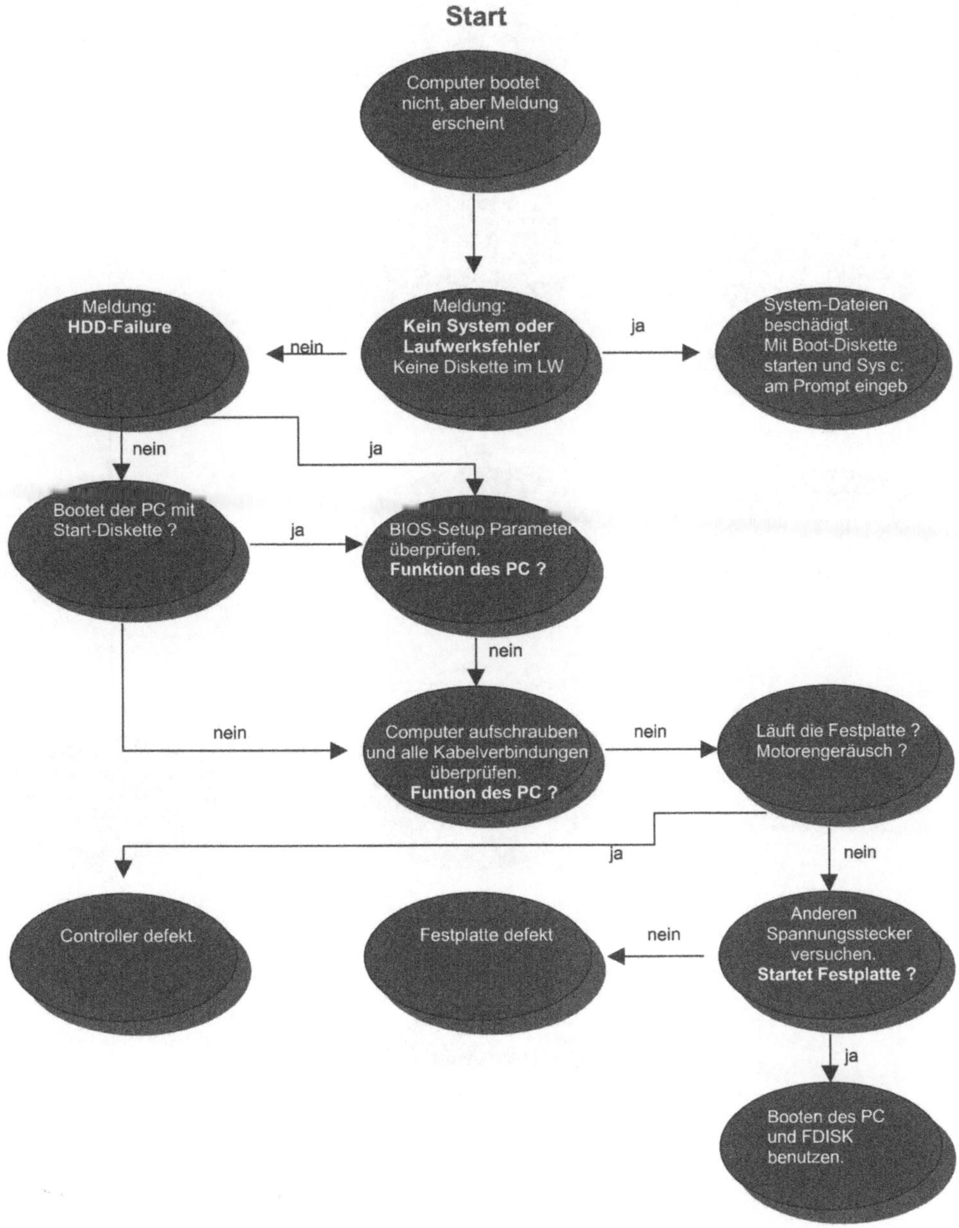

B.3 Wie löse ich ein Problem am Computer (selbst erstellen)

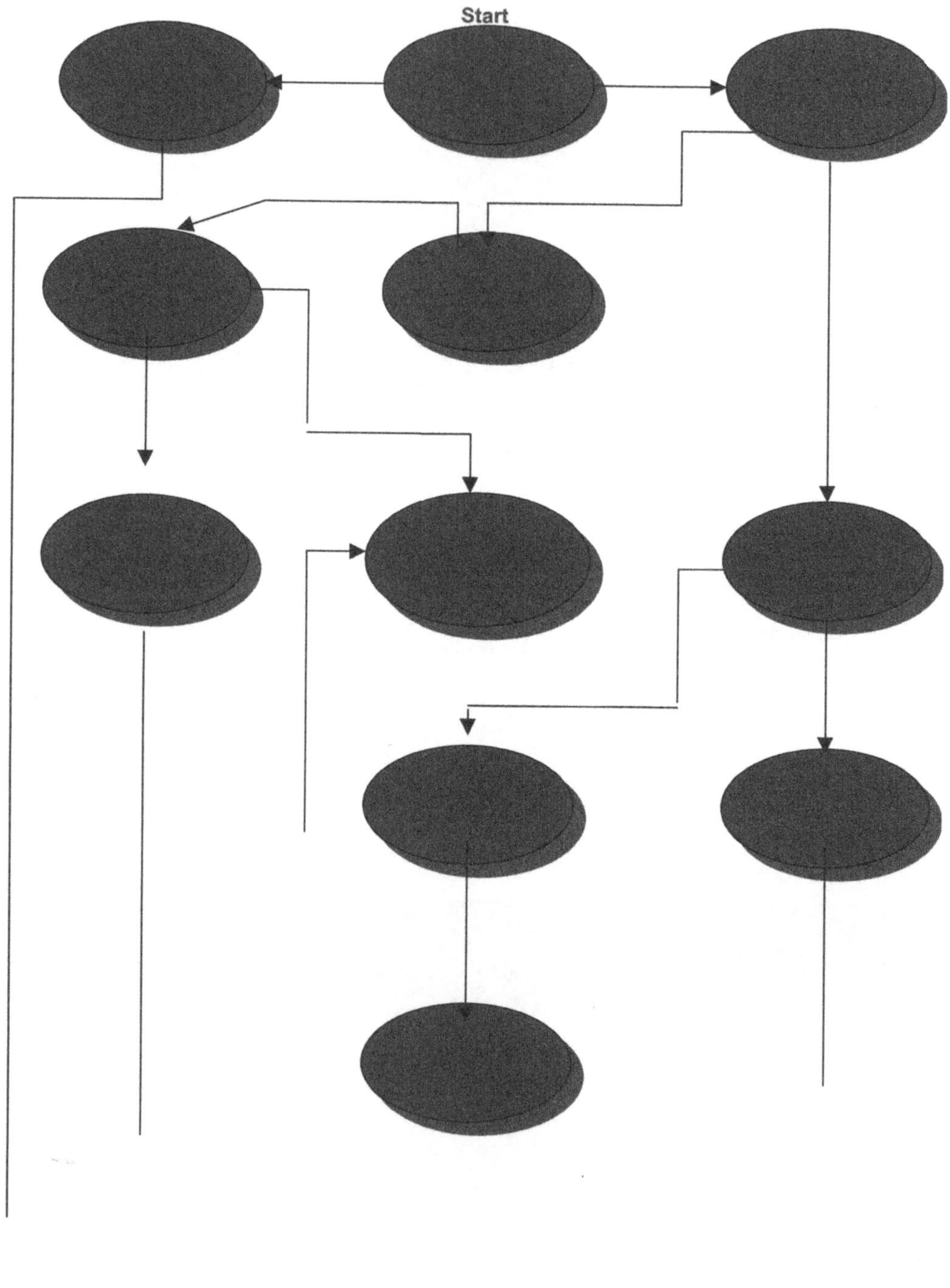

Anhang C: Internet-Adressen für Treiber der einzelnen Hardware-Hersteller

Firma	Internet-Adresse
3 COM	http://www.3com.com/
Abit	http://www.abit.com.tw/
Acer	http://www.acer.com/
Adaptec	http://www.adaptec.com/
Addtron	http://www.addtron.com/
AMD	http://www.amd.com/
APC	http://www.apcc.com/
Apple Computer	http://www.apple.de/
Apple Computer	http://www.apple.com/
Apricot	http://www.apricot.co.uk/
Artec	http://www.artecuca.com/
Atronics	http://www.atronicsintl.com/
Asus	http://www.asus.com/
ATI	http://www.atitech.ca/
Atrend	http://www.atrend.com/
Avance Logic	http://www.avance.com/
Award	http://www.award.com/
Aztech	http://www.aztechca.com/
Belinea	http://www.belinea.com/
Boca	http://www.bocaresearch.com/
Brother	http://www.brother.com/
Buslogic	http://www.buslogic.com/
Cabletron	http://www.cabletron.com/
Calcomp	http://www.calcomp.com/
Canon	http://www.canon.de
Canon	http://www.canon.com
Cardex	http://gainward.com/
Chaintech	http://www.chaintech.com.tw
Chips & Technologies	http://www.chips.com/
Cirrus Logic	http://www.cirrus.com/
Cisco DSystems	http://www.cisco.com/

CMD Technology	http://www.cmd.com/
Compa	http://www.compaq.de/
Compaq	http://www.compaq.com/
Connectix	http://www.connectix.com/
Conner	http://www.seagate.com/
Creative Labs	http://www.creaf.com/
Creatix	http://www.creatix.com/
Crystal	http://www.crystal.com/
Cyrix	http://www.cyrix.com/
Datapath	http://www.datapath.com/
Dell	http://www.dell.de/
Dell	http://www.dell.com/
Diamond	http://www.diamond.com/
Digital Equipment	http://www.digital.de/
Digital Equipment	http://www.digital.com/
DTK	http://www.dtk.com/
Eliegroup	http://www.ecs.com.tw/
Elsa	http://www.elsa.de/
Ensoniq	http://www.ensoniq.com/
Epson	http://www.epson.com/
Exabyte	http://www.exabyte.com/
Fast	http://www.fast-ag.de
FIC	http://www.rd.fic.com.tw/
Freetech	http://www.freetech.com/
Fuji	http://www.fuji.de/
Fujitsu	http://www.fujitsu.de/
Fujitsu	http://www.fujitsu.com/
Gateway 2000	http://www.gateway2000.de
Gateway 2000	http://www.gateway2000.com
Genoa	http://www.gentech.com/
Gigabyte	http://www.giga-byte.com/
Goldstar	http://www.lge.co.kr
Gravis	http://www.gravis.com/
Grundig	http://www.grundig.de/
Hauppage	http://www.hauppauge.com/
Hayes	http://www.hayes.com/
Hercules	http://www.hercules.com/

Hewlett Packard	http://www.hp.com/
Highscreen	http://www.vobis.de
Hitachi	http://www.hitachi.com/
IBM	http://www.ibm.de/
IBM	http://www.ibm.com/
ICP Vortex	http://www.icp-vortex.com/
Intel	http://www.intel.com/
Iomega	http://www.iomega.com/
Iwill	http://www.iwill.com.tw/
JVC	http://www.jvcinfo.com/
Kodak	http://www.kodak.com/
Kyocera	http://www.kyocera.de/
Kyocera	http://www.kyocera.com/
Lexmark	http://www.lexmark.com/
LG Electronis	http://www.lge.co.kr
Logitech	http://www.logitech.com/
Matrox	http://www.matrox.com/
Maxtor	http://www.maxtor.com/
Media Vision	http://www.svtus.com/
Microtek	http://www.mteklab.com/
Micro Star	http://www.msi.com.tw/
Midisoft	http://www.midisoft.com/
Miro	http://www.miro.de/
Mitsubishi	http://www.mitsubishi.de/
Mitsubishi	http://www.mitsubishi.com/
Mitsumi	http://www.mitsumi.com/
Motorola	http://www.motorola.de
Motorola	http://www.mot.com/
MSI	http://www.msi.com.tw/
Mustek	http://www.mustek.com/
Mylex	http://www.mylex.de/
NCR	http://www.ncr.com/
NEC	http://www.nec.com/
Nokia	http://www.nokia.de
Nokia	http://www.nokia.com
Nomai	http://www.nomai.fr/
OAK	http://www.oaktech.com/

OKI	http://www.oki.com/
Olivetti	http://www.olivettipc.com/
Opti	http://www.opti.com/
Orchid	http://www.orchid.com/
Peacock	http://www.peacock.de/
Philips	http://www.philips.com
Pinnacle	http://www.pinnaclemicro.com/
Pioneer	http://www.pioneer-eur.com/
Plextor	http://www.plextor.com/
Polaroid	http://www.polaroid.com/
Promise	http://www.promise.com/
QDI	http://www.qdigrp.com/
QMS	http://www.qms.com/
Qlogic	http://www.qlc.com/
Quantum	http://www.quantum.com/
Rockwell	http://www.nb.rockwell.com/
Roland	http://www.rolandus.com/
S3 Incorporation	http://www.s3.com/
Sanyo	http://www.sanyo.co.jp/index_e.html
Samsung	http://www.samsung.com/
Seagate	http://www.seagate.com/
Sharp	http://www.sharp.de/
Sharp	http://www.sharp-usa.com/
Shuttle Computer	http://www.shuttlegroup.com/
Siemens	http://www.siemens.de
Siemens	http://www.siemens.com
Siemens Nixdorf	http://www.sni.de
Silicon Valley Technology	http://www.svtus.com/
SMC	http://www.smc.com/
Soltec	http://www.soltec.com/
Sony	http://www.sony.com/
Spea	http://www.diamondmm.de/
Star Micronics	http://www.star-micronics.de/
STB	http://www.stb.com/
Sun Microsystems	http://www.sun.com/
Symbios Logic	http://www.symbios.com/
Syquest	http://www.syquest.com

Tally	http://www.tally.de/
Tally	http://www.tally.com/
TDK	http://www.tdk-europe.com/
TDK	http://www.tdk.com/
Teac	http://www.teac.com/
Tekram	http://www.tekram.com/
Tektronix	http://www.tek.com/
Teles	http://www.teles.de/
Terratec	http://www.terratec.de/
TMC	http://www.mycomp-tmc.com/
Torisan	http://www.torisan.co.jp/
Toshiba	http://www.toshiba-teg.com/indexd.html
Toshiba	http://www.toshiba.com/
Trantor	http://marvin.csgint.com/trantor/
Trident	http://www.tridentmicro.com/
Tseng	http://www.tseng.com/
Turtle Beach	http://www.tbeach.com/
Tyan	http://www.tyan.com/
Umax	http://www.umax.com/
US Robotics	http://www.usr.de/
US Robotics	http://www.usrobotics.com/
Video Logic	http://www.videologic.com/
Weitek	http://www.weitek.com/
Western Digital	http://www.wdc.com/
Yamaha	http://www.yamaha.com/
Zenith	http://www.zds.com/
Zyxel	http://www.zyxel.com/
Xircom	http://www.xircom.com/

Anhang D: Kleine Tipps im Umgang mit Word und Excel

D.1 Excel und Word im Netzwerk

Excel

Soll eine Excel-Datei geöffnet werden, die bereits von einem anderen User benutzt wird, erscheint auf dem Bildschirm eine entsprechende Meldung.

Es wird zwar informiert, dass die betreffende Datei benutzt wird, aber nicht von wem. Es kann lediglich über „Benachrichtigen“ erreicht werden, dass eine Information erhalten wird, wenn die Bearbeitung an der Datei beendet ist. Eine entsprechende Meldung erscheint dann auf dem Bildschirm.

Es kann aber trotzdem die Datei sofort zum Bearbeiten geöffnet werden (' Lesen-Schreiben' anklicken).

Besser ist es natürlich, wenn mit der Information, dass die Datei in Bearbeitung ist, auch der Name des Bearbeiters angezeigt wird. Die Anzeige des Namens erscheint allerdings nur, wenn dieser Excel-Benutzer seinen Benutzernamen in Excel eingetragen hat.

Man könnte nun den anderen User anrufen und ihn bitten, die Datei vorübergehend zu schließen, damit diese Ihnen zur Verfügung steht.

Damit immer ein Name (ggf. auch die Telefonnummer) in der Information zur Dateireservierung erscheint, sollte in Excel die folgende Einstellung vorgenommen werden: Extras | Optionen | Registerkarte ' Allgemein' | Benutzername die erforderlichen Eintragungen vornehmen.

Word

Auch in Word erscheint eine Meldung zur Dateireservierung, allerdings nicht mit der Möglichkeit zur Benachrichtigung, wenn die Datei geschlossen wird.

Auch in Word sollten die entsprechenden Einstellungen vorgenommen werden, damit in der Info über die Benutzung der Datei immer ein Name angezeigt wird:

Extras | Optionen | Benutzer-Info | Name die erforderlichen Eintragungen vornehmen.

D.2 Word

Serienbrief erstellen:

1. Neues Dokument öffnen.
2. Menü EXTRAS | SERIENDRUCK öffnen.
3. Schaltfläche HAUPTDOKUMENT | Erstellen auswählen.
4. Festlegen, ob das aktuelle Dokument zum Hauptdokument gemacht oder ob eine neue Datei erstellt werden soll. Dieses Dokument wird aut. mit der noch zu öffnenden Steuerdatei verbunden.
5. Schaltfläche DATENQUELLE | Daten importieren (erstellen oder öffnen, wenn vorhanden) und den Anweisungen folgen.
6. Im Seriendruck-Manager auf HAUPTDOKUMENT | bearbeiten klicken.
7. Text schreiben oder schon vorhandenen Text einfügen. Wenn eine Variable eingefügt werden soll (Stelle, an der später die Daten aus den Datensätzen erscheinen), auf die Schaltfläche SERIENDRUCKFELD EINFÜGEN klicken (Symbolleiste).
8. Wenn eine Bedingung eingefügt werden soll, aus der Symbolleiste BEDINGUNGEN EINFÜGEN wählen.
9. Speichern

Zeichnen / Wordart / Grafik in Word:

Um in Word auch zu zeichnen, kunstvolle Schriftanordnungen herzustellen oder Grafiken zu bearbeiten, unter dem Menü ANSICHT | SYMBOLLEISTEN | GRAFIK auswählen.

Um eine Grafik in einen Text einzufügen, Menü EINFÜGEN | Grafik | ...

Seitenzahlen in ein Dokument einfügen:

Menü ANSICHT | KOPF- UND FUßZEILE wählen.

Schaltfläche ZWISCHEN OBEN UND UNTEN WECHSELN wählen (je nach dem, wo). Schaltfläche SEITENZAHLEN FORMATIEREN wählen. Schaltfläche SEITENZAHLEN EINFÜGEN wählen.

D.3 Excel

Rechenoperationen:

Addieren: =C2+C3 addiert den Inhalt der Zellen C2 und C3

Subtrahieren: =C2-C3

Multiplizieren: =C2*C3 * = Sternchen über Pluszeichen

Dividieren: =C2/C3

→ *Diese Ausdrücke müssen so in das Feld eingegeben werden, in dem das Ergebnis erscheinen soll.*

Mit den Tasten ALTGR + Zahl können Potenzen gesetzt werden (ALTGR+2 = quadrat, ...)

Ganze Blöcke verknüpfen:

=summe(A1:C3) addiert alle Zahlen, die sich in der Diagonale zwischen den Zellen A1 und C3 befinden

=produkt((B2:C4) multipliziert jede Zelle mit der Nächsten, die sich in der angebenen Diagonalen befinden

=wurzel(4;2) zieht die Quadratwurzel aus 4

→ *Diese Ausdrücke müssen so in das Feld eingegeben werden, in dem das Ergebnis erscheinen soll.*

Formeln eingeben:

Formeln fangen grundsätzlich mit = an

Beispiel: =A1*0,3-(4,5/B4)

Die Formel muss so in das Feld eingetragen werden, in dem das Ergebnis erscheinen soll.

Anhang E: Informationen zu Microsoft BackOffice

Was ist BackOffice:

Backoffice ist eine Produkt-Familie von Microsoft für NT-Netzwerke, die diverse Server-Komponenten beinhaltet.

Wenn man ein NT-Netzwerk implementiert hat, kommt man sicherlich nicht an BackOffice vorbei, wenn man dieses effizient betreiben will. Die BackOffice-Komponenten bieten eine Fülle von Funktionen, die in einem heutigen Netzwerk unerlässlich sind und Anwendern und Administratoren die Arbeit wesentlich erleichtern.

Inhalte von BackOffice sind:

1. Exchange-Server
2. SQL-Server
3. SNA-Server
4. SMS-Server
5. Proxy-Server
6. Internet-Information-Server

Jedes Produkt kann auch allein erworben werden. Aber ein Implementieren aller Komponenten zusammen auf einem NT-Server bietet viele Vorteile. Der NT-Server ist dabei Grundlage für alle Backoffice-Anwendungen.

E.1 Exchange-Server (siehe Abschn. 3.2.34):

Der Exchange-Server ist ein Server, mit dem man Nachrichten in einem LAN oder über das Internet verbreiten oder empfangen kann. Dies geht aber über Mails weit hinaus, obwohl dieser Server meistens nur als Mail-Server angesehen wird. In allererster Linie ist Exchange-Server aber natürlich ein E-Mail-Server.

E-Mails können an individuelle Benutzer, an Verteilerlisten (ganze Ansammlung von Empfängern) oder öffentliche Ordner geschickt werden. Dazu kann ein individuelles Adressbuch oder ein globales Adressbuch (Empfänger, die für alle User im Netz sichtbar sind) verwendet werden.

Als zentrales Verwaltungsprogramm dient der EXCHANGE-ADMINISTRATOR, der auch auf einer NT-WS installiert werden kann und so die Fernverwaltung des Exchange-Servers möglich macht. Über den Exchange-Administrator sind alle Konfigurationsaufgaben zu erledigen.

Inhalte des Exchange-Servers sind u.a.:

Informationsspeicher

Dort sind sowohl öffentliche als auch private Ordner untergebracht, die Meldungen und andere Arten von Informationen beinhalten.

Transfersystemteil (MTA)

Zuständig für den Austausch von Informationen im System mit anderen Exchange-Servern und in Zusammenarbeit mit anderen Komponenten, so genannten Konnektoren, welche Mails mit fremden Meldesystemen austauschen.

Konnektoren

Erlauben den Austausch von E-Mails mit anderen E-Mail-Systemen, wie MS-Mail (WIN 3.x), Lotus Notes oder dem Internet.

Zusätzlich gibt es Standort-Konnektoren, die einzelne Exchange-Server im LAN verbinden, RAS-Konnektoren, die Exchange-Server über Telefonleitungen mit Exchange-Servern in anderen Städten, Ländern, etc. der Firma verbinden, und den Internet-Mail-Dienst, der es ermöglicht, mit anderen Internetbenutzern Mails auszutauschen.

Inhalte der Client-Komponenten sind:

Exchange-Client oder Outlook

Dies ist die primäre Komponente, die den Benutzern dabei hilft, ihre Mailboxen zu verwalten, E-Mail zu verfassen und zu senden, und die benutzerdefinierte Formulare verwendet, um spezielle Arten von Informationen auszutauschen.

Schedule+ (ist bei Outlook integriert)

Hier können eigene Termine auf einem privaten Terminkalender eingetragen werden, auf den auch Zugriffsberechtigungen gesetzt werden können. Benutzer- und Gruppenterminpläne können angezeigt werden, die bei der Planung von Ressourcen, wie

Konferenzräumen oder besonderen Ausrüstungsgegenständen, und bei der Projekt- und Aufgabenverwaltung hilft.

E.2 SQL-Server:

Der SQL-Server ist eine Datenbank, die zur Speicherung von umfangreichen Datenmengen gebraucht wird. Diese rationale Datenbank ist ein Beispiel für Frontend- / Backend-Applikationen. Während die eigentliche Datenbank auf dem Server läuft, müssen sich die Clients nur um Ein- bzw. Ausgabe der Daten kümmern.

Die Client-Komponente (Access oder SQL-Enterprise-Manager) stellt eine Verbindung zum SQL-Server her, sendet Abfragen und empfängt Ergebnisse, die diese weiter verarbeiten kann.

E.3 SNA-Server:

Verbindungen zu Mainframes (Großrechnern) oder IBM AS/400 können über den SNA-Server realisiert werden. Dabei wird eine gleichzeitige Verbindung zu zahlreichen IBM-Mainframes und kompatiblen Systemen unterstützt. Alle MS-Clients (DOS, WIN 3.x, WIN 95, NT-WS) und OS/2- und Unix-Clients werden unterstützt.

E.4 SMS-Server (siehe Abschn. 3.2.39):

Mit dem SMS-Server können Installation/Konfiguration der Arbeitsplätze von zentraler Stelle aus vorgenommen werden, ohne sich dabei vor Ort begeben zu müssen. Auch eine Hard-/Softwareinventur ist von zentraler Stelle aus möglich.

Der SMS-Server umfasst dabei folgende Dienste:

Hierachie-Manager

Er überwacht die Datenbank eines primären Standortes auf Konfigurationsänderungen.

Standort-Konfigurations-Manager

Er überwacht und steuert die Konfiguration eines Standortes, wobei er die vom Hierachie-Manager ermittelten Parameter verwendet.

Inventory-Agent

Er führt eine Soft- und Hardware-Inventur auf dem Server durch, wobei nur NT- und OS/2-Server berücksichtigt werden. Novell-Server werden mit dem Maintenance-Manager bedient.

Paketinstallations-Manager für NT

Installiert Pakete auf NT-Servern, die für eine aut. Installation vorbereitet worden sein müssen.

Client-Konfigurations-Manager

Dient zum Installieren von SMS-Dienstkomponenten auf NT-basierten Computern.

E.5 Proxy-Server (siehe Abschn. 3.2.38):

Alle Clients im LAN wickeln ihre Internetaktivitäten über den Proxy-Server ab. Dabei sorgt er für Sicherheit und Schnelligkeit bei Internet-Übertragungen.

Es kann festgelegt werden, dass Internetübertragungen nur für bestimmte Benutzer und Dienste erlaubt sind. Der Zugriff auf bestimmte WEB-Server lässt sich vollkommen blockieren.

Neben diesen Filterfunktionen wird über den Proxy-Server auch ein Caching häufig benutzter Internet-Seiten durchgeführt, die dem LAN dann von hier zur Verfügung gestellt werden.

E.6 Internet-Information-Server (siehe Abschn. 3.2.37):

Er ist ein Datei- und Anwendungs-Server für das Internet bzw. Intranet. Mit dem IIS werden HTML-Pools für das Inter- bzw. Intranet bereitgestellt, die dann mit einem Browser auf dem Client abgerufen werden können.

In der 3.0-Version ist er Bestandteil von NT-Server 4. Die 4.0 Version ist Bestandteil des MS-NT4-Option-Packs, dass noch weitere Server im Zusammenhang mit dem IIS enthält.

Transaction-Server

Er ist ein System zum Entwickeln, Implementieren und Verwalten verteilter Server-Anwendungen.

Index-Server

Er ist ein Inhalts-Indizierungs-Server und Suchlösung für HTML-Dokumente.

Er indiziert den Text sowie Eigenschaften auf einer HTML-Site im Inter- bzw. Intranet.

Benutzer können Abfragen erstellen, woraufhin die passenden Dokumente gesucht und an den Client zurückgeliefert werden.

Anhang F: Windows 3.x als Client im Netzwerk

Für Windows 3.x gilt das Gleiche wie für Windows 95/98. Ist bei der Installation schon eine Netzwerkkarte vorhanden, wird diese im Normalfall von Windows erkannt und die Netzwerkunterstützung installiert. Um Win3.x als NT-Client zu konfigurieren, können im Client-Manager von NT-Server Disketten hergestellt werden, die dann nur noch installiert werden müssen.

Man kann Win3.x aber auch von Hand einrichten, was für Lernzwecke natürlich besser ist. Zudem kann weitere Netzwerkunterstützung (z.B. für Novell) eingerichtet werden.

Im Ordner Netzwerk ist das Netzwerk-Setup zu starten:

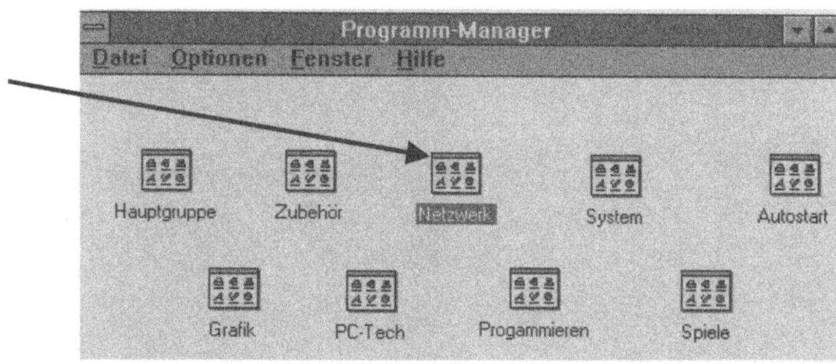

Abb. 1

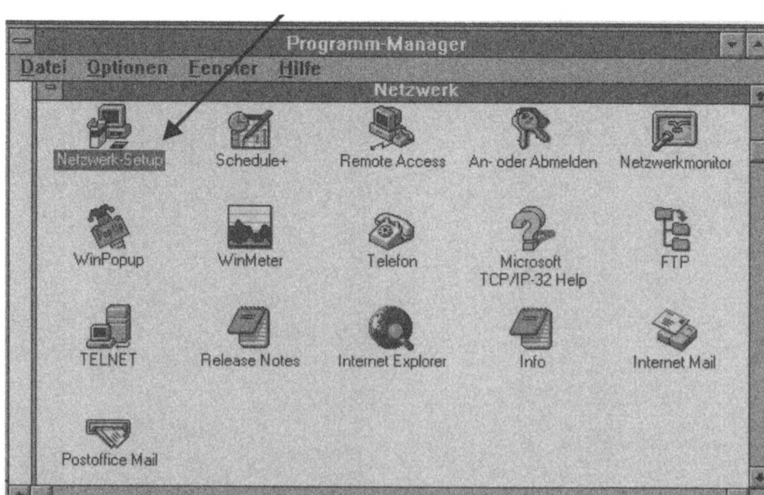

Abb.2

Ist die Schaltfläche zur Einrichtung eines Netzwerk-Treibers bei der Ersteinrichtung nicht vorhanden, muss zuerst die Schaltfläche ERWEITERT angeklickt werden. Ansonsten sollte zuerst die Netzwerkunterstützung eingerichtet werden. Dazu ist die Schaltfläche NETZWERKE auszuwählen.

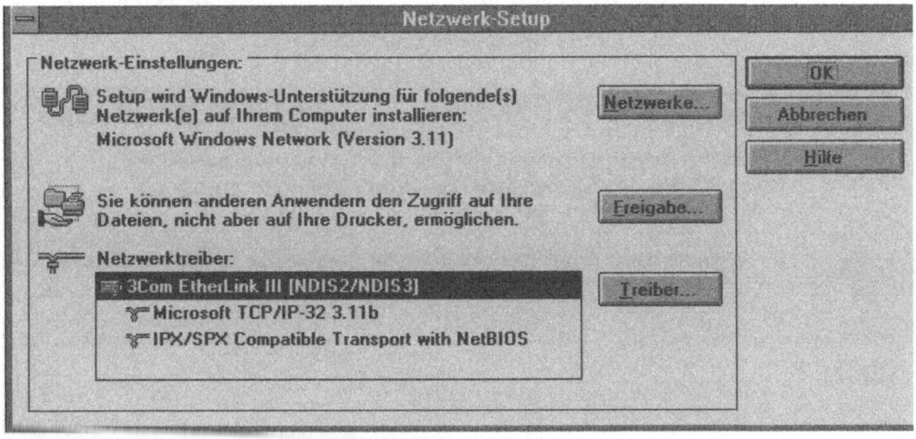

Abb. 3

Hier muss jetzt das Kontrollfeld MICROSOFT WINDOWS NETWORK INSTALLIEREN ausgewählt werden. Soll z.B. auch eine Unterstützung von Novell-Netzen installiert werden, muss das Kontrollfeld ANDERE angeklickt und das entsprechende Novell-Netz ausgewählt werden.

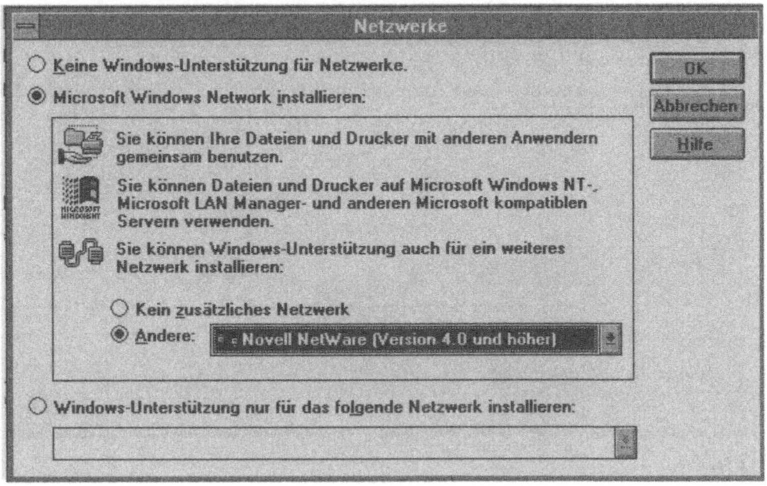

Abb. 4

Als Nächstes sollte die Schaltfläche FREIGABE ausgewählt werden. Soll auf diesen Computer vom Netzwerk aus zugegriffen werden können (Ressourcen oder Drucker), muss dies hier angegeben werden.

Die Verwaltung von Netzwerklaufwerken erfolgt im Datei-Manager (wie Win95/98 oder NT). Netzwerk-Drucker werden mit dem Druck-Manager verwaltet.

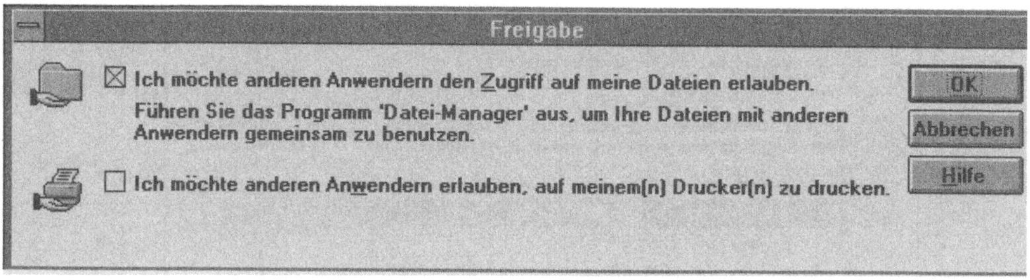

Abb. 5

Sodann müssen Netzwerkkarten-Treiber und Protokolle installiert werden. Dazu die Schaltfläche TREIBER auswählen.

Um eine neue Netzwerkkarte hinzuzufügen, muss hier ADAPTER HINZUFÜGEN ausgewählt werden.

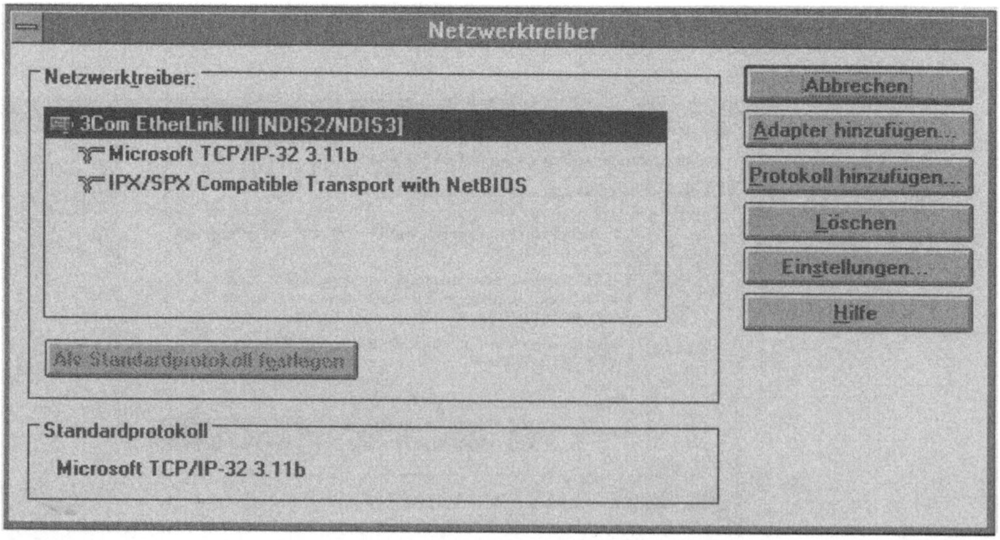

Abb. 6

Ist die Karte nicht in der aufgeführten Liste oder soll der karteneigene Treiber geladen werden, muss hier NICHT AUFGEFÜHRTER ODER AKTUALISIERTER NETZWERKADAPTER ausgewählt werden. Wird jetzt auf OK gedrückt, erscheint die Aufforderung zum Einlegen der Diskette (CD-ROM). Wird der Treiber nicht gefunden, muss über DURCHSUCHEN auf der Diskette in das entsprechende Verzeichnis gewechselt werden.

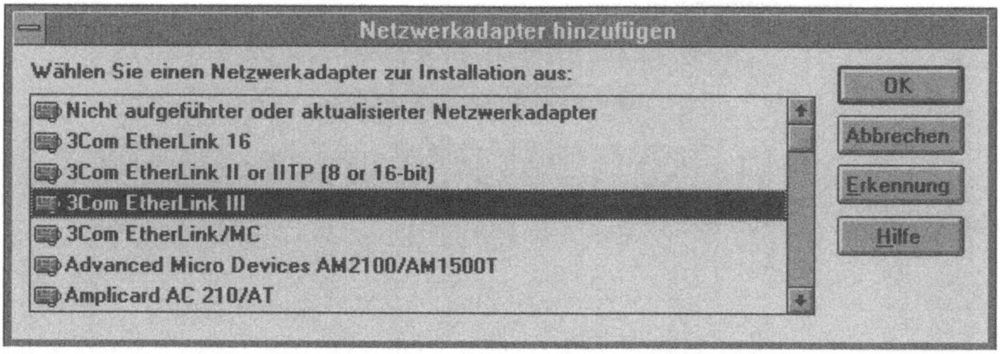

Abb. 7

Jetzt kann über OK wieder zum Dialogfeld NETZTREIBER zurückgekehrt werden.

Als Nächstes ist die Netzwerkkarte zu selektieren und die Schaltfläche EINSTELLUNGEN zu betätigen, um die Karte zu konfigurieren (I/O-Ports, IRQ).

Nun müssen die Protokolle für die installierten Netzwerke installiert werden. Für das Novell-Netz ist hier IPX/SPX auszuwählen.

Damit Win3.x in einer NT-Domäne als Client agieren kann, muss hier zunächst der 32-Bit-TCP/IP-Stack nachinstalliert werden. Dieser befindet sich auf der NT-Server-CD im Verzeichnis CLIENTS\TCP32WFW. Dazu ist es am Besten, den Inhalt des Verzeichnisses auf eine Diskette zu kopieren.

Im Dialogfeld NETZWERKPROTOKOLL HINZUFÜGEN ist jetzt NICHT AUFGEFÜHRTES ODER AKTUALISIERTES PROTOKOLL zu selektieren und auf OK zu drücken. Es wird nach einer Diskette gefragt, die, auf die vorher der TCP/IP-Stack kopiert wurde. Danach erscheint in der Auswahl jetzt das Microsoft-TCP(IP-32)-Protokoll, und kann jetzt selektiert und über OK installiert werden. Im Dialogfeld NETZTREIBER muss dieses Protokoll jetzt selektiert und über EINSTELLUNGEN konfiguriert werden.

Ist ein DHCP-Server im Netz, ist das Kontrollkästchen ENABLE AUTOMATIC DHCP-CONFIGURATION zu selektieren. Ansonsten muss die statische IP-Adresse und die Subnet-Mask hier eingetragen werden.

Sind WINS-Server im Netz, diese hier ebenfalls eintragen. Ebenso die IP-Adresse eines Routers zu anderen Netz-Segmenten. Über die Schaltfläche DNS ist ein eventuell vorhandener DNS-Server einzutragen.

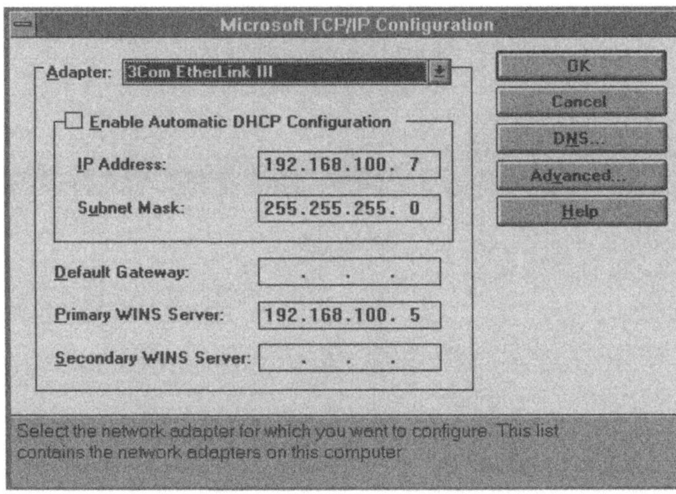

Abb. 8

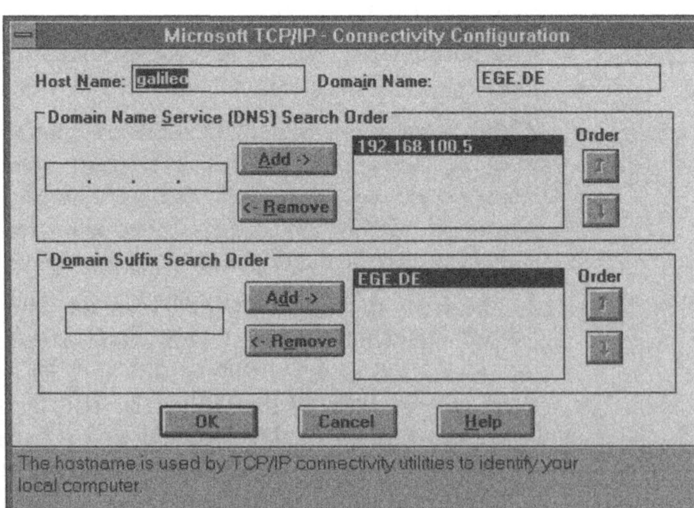

Abb. 9

Über die Schaltfläche ADVANCED im Dialogfeld TCP/IP-Konfiguration können Einstellungen gemacht werden, die einen Win3.x-Computer als WINS-Proxy befähigen (siehe Abschnitt 3.2.28 „WINS"), oder durch die der Zugriff auf einen DNS-Server aktiviert werden.

Achtung: Um auf einen Novell-Server zugreifen zu können, sollte am besten der 16-Bit-Client von Novell installiert werden (ist auf der Novell-Netware-CD vorhanden), da so alle erforderlichen Änderungen in der CONFIG.SYS, AUTOEXEC.BAT, SYSTEM.INI und WIN.INI durchgeführt und alle erforderlichen Treiber und Programme aut. installiert werden.

Wird der Novell eigene Client16 installiert und ist vorher schon der Microsoft-Client eingerichtet gewesen, muss dieser u.U. neu konfiguriert werden, da der Novell-Client16 viele Einstellungen zunichte macht und zu seinen Gunsten auslegt (primäre Netzanmeldung etc.).

Wird der Novell eigene Client nicht installiert, ist die Platte so einzurichten, wie im Abschnitt 3.3.18 „Workstation im Netz starten" → DOS-Startdiskette herstellen, beschrieben.

Anmeldung konfigurieren:

Die Anmeldung wird unter HAUPTGRUPPE | SYSTEMSTEUERUNG | NETZWERK eingestellt. Hier werden Computer-Name, Arbeitsgruppe (Domäne) eingetragen.

Unter OPTIONEN | START können weitere Einstellungen vorgenommen werden, wobei unter Netzwerkoptionen die Domäne eingetragen werden sollte.

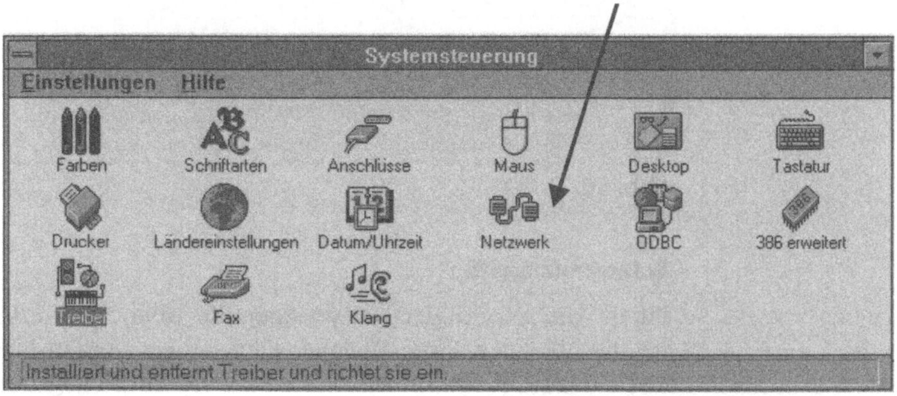

Abb. 10

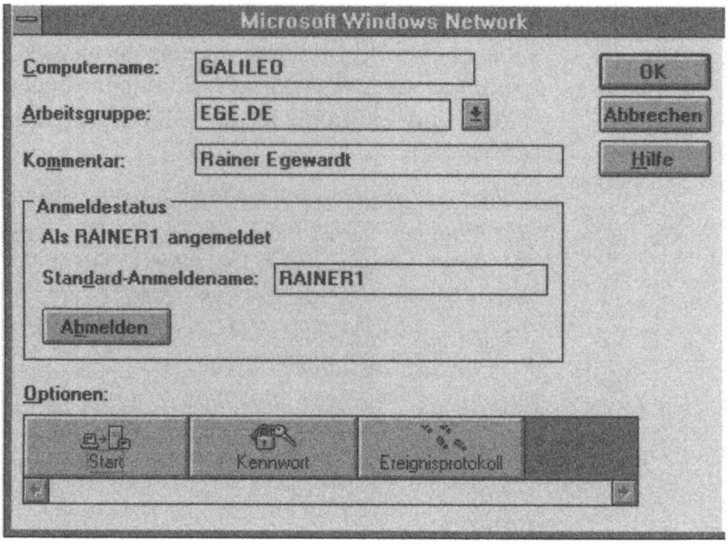

Abb. 11

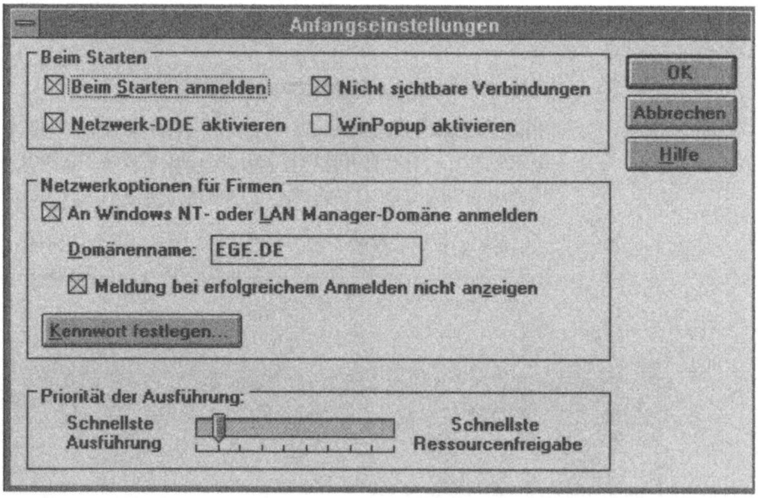

Abb. 12

Netzwerkzugriffe:

Unter Win3.x erfolgen Netzwerkzugriffe über Netzwerklaufwerke, die über den Datei-Manager eingerichtet werden, der in der HAUPTGRUPPE zu finden ist. Dabei wird ein freigegebenes Verzeichnis auf einem Server mit einem Laufwerksbuchstaben verbunden.

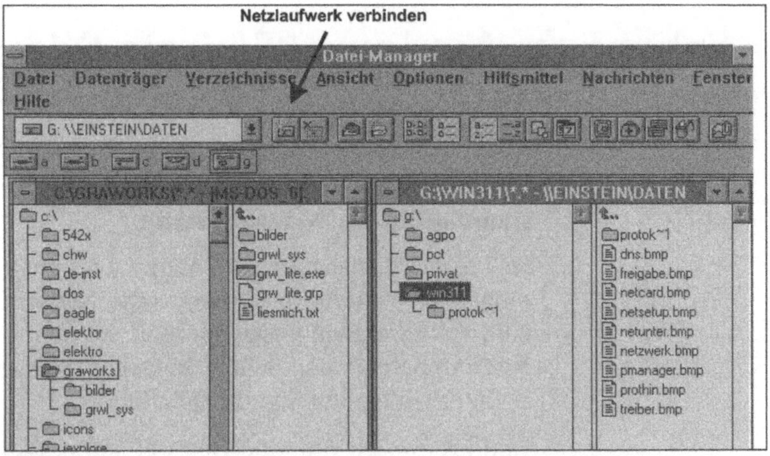

Abb. 13

Netzwerkverbindungen können über den Netzwerkmonitor in der Gruppe NETZWERK eingesehen werden.

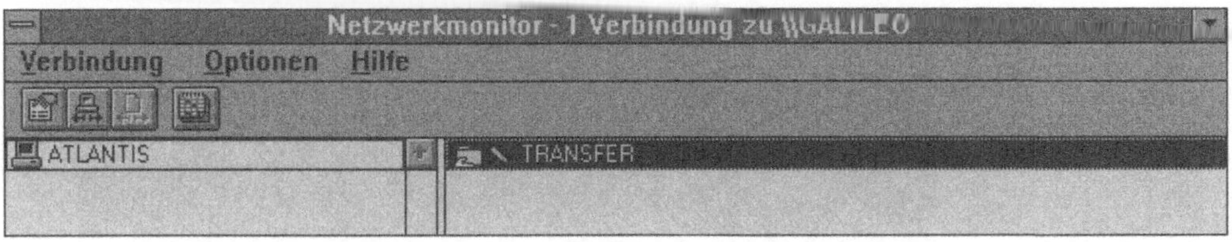

Abb. 14

Über den Menü-Punkt VERBINDUNG | EREIGNISPROTOKOLL können Netzwerkaktivitäten verfolgt werden.

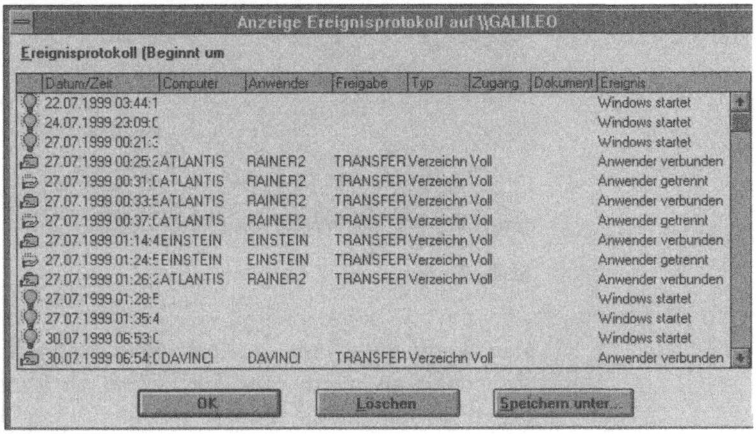

Abb. 15

Anhang G: Windows 95/98 als Client im Netzwerk

Installation der Netzwerkkarte:

Ist bei der Installation von Win95/98 eine Netzwerkkarte schon eingebaut, werden in der Regel alle Netzwerkkomponenten vom Setup automatisch installiert und konfiguriert. Auch wenn die Netzwerkkarte nachträglich eingebaut wird, ist dieser Vorgang beim erneuten Starten zu wiederholen.

Handelt es sich um eine Netzwerkkarte, die von Win95/98 nicht über Plug&Play ins System eingebaut werden kann, muss diese von Hand installiert und konfiguriert werden.

Dazu muss unter SYSTEMSTEUERUNG | HARDWARE der Hardware-Assistent aufgerufen werden:

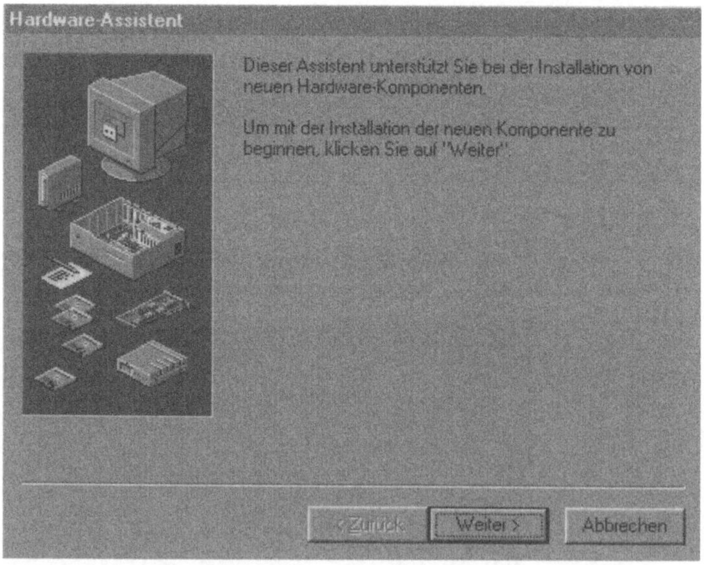

Abb. 1

Man kann hier eine automatische Erkennung versuchen, was aber meistens wenig Sinn hat, wenn die Karte beim Hochfahren des Rechners nicht erkannt wurde. Besser ist es, hier nein zu wählen, um die Karte von Hand einzurichten.

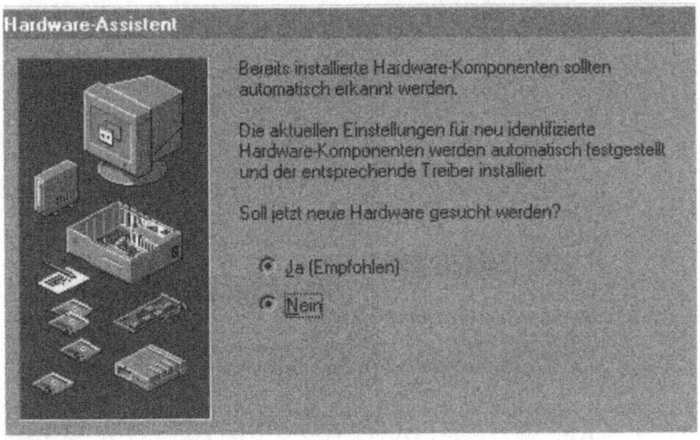

Abb. 2

In dieser Registerkarte ist dann die Komponente „Netzwerkkarten" auszuwählen.

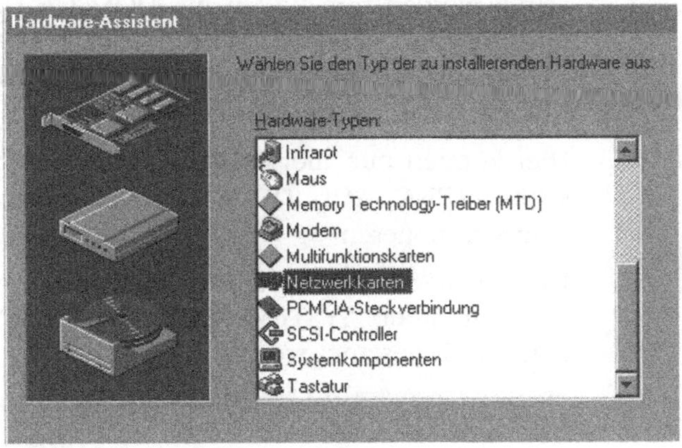

Abb. 3

In der nächsten Registerkarte muss im linken Fenster die Firma und im rechten Fenster dann das Modell ausgewählt werden. Ist die Firma oder das Modell nicht aufgeführt (was meistens der Fall ist, wenn die Karte nicht erkannt wurde), oder soll generell der karteneigene Treiber anstatt der Windows-Treiber geladen werden (zu empfehlen), muss von einer Diskette oder CD (sollte bei der Netzkarte beiliegen) ein Treiber geladen werden.

Manche Treiber installieren sich direkt, manche tragen sich aber auch nur in obige Auswahl ein und können jetzt wie Systemtreiber geladen werden.

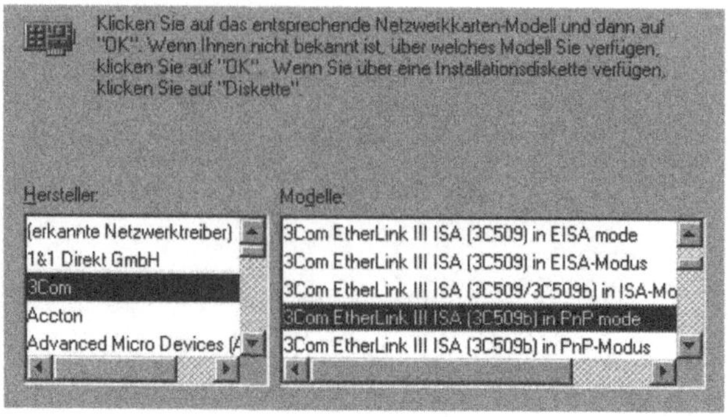

Abb. 4

Als Nächstes muss die Karte dann für Win95/98 konfiguriert werden.

Meistens muss die Karte selber aber erst konfiguriert werden. Dazu gibt es ein Konfigurations-Programm auf einer mitgelieferten Diskette oder CD. Win95/98 muss dazu im DOS-Modus gestartet werden (am besten mit DOS-Start-Diskette) und das Setup-Programm von der Diskette oder CD gestartet werden (von CD muss das CD-ROM-Laufwerk unter DOS ansprechbar sein (s. Abschn. 1.3.10 „Vorgehensweise beim Aufbau eines PCs“)).

Hier können nun meistens IRQ, I/O-Ports und verwendeter Anschluss (BNC, AUI, TP) eingestellt werden. Diese Daten sollte man sich notieren.

Ist Win95/98 dann wieder hochgefahren, muss nun der Geräte-Manager über SYSTEMSTEUERUNG | SYSTEM | GERÄTE-MANAGER gestartet werden.

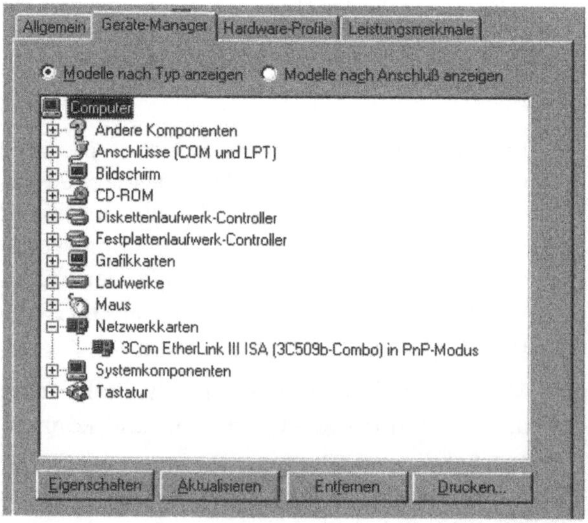

Abb. 5

Hier ist jetzt „Netzwerkkarte“ auszuwählen und die Schaltfläche EIGENSCHAFTEN zu drücken. Die Einstellungen, die man sich bei der DOS-Konfiguration notiert hatte, sind hier einzutragen. Dazu ist das Kästchen „Autom. Einstellen“ zu deaktivieren. Die Schaltfläche „Einstellung ändern“ wird jetzt aktiv. Nun ist Interrupt zu selektieren und die Schaltfläche „Einstellung ändern“ zu betätigen. Im nachfolgenden Dialogfeld kann jetzt der Interrupt eingetragen werden, den man zuvor bei der DOS-Konfiguration der Karte zugewiesen hat. Ebenso ist mit den I/O-Ports zu verfahren.

Achtung: Die verwendeten I/O-Ports oder Interrupts dürfen nicht mit anderen Komponenten des System in Konflikt geraten (wird unten auf der Karte angezeigt).

Nachdem man die Netzwerkkarte nun hoffentlich erfolgreich installiert hat, kann man sich der weiteren Netzwerkkonfiguration zuwenden.

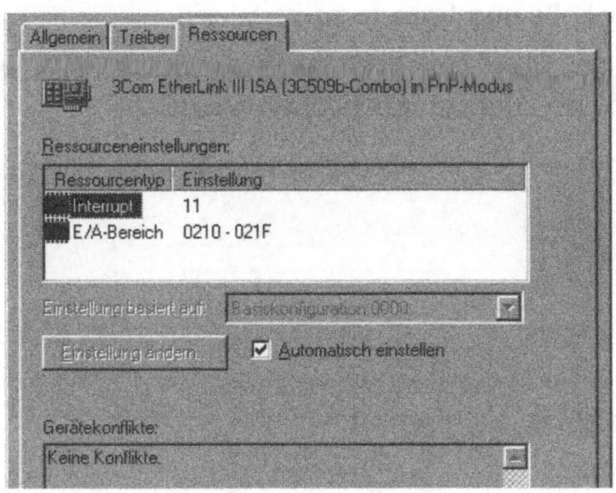

Abb. 6

Als Client für NT-Server:

Netzwerkumgebung | rechte Maustaste | Eigenschaften

- Client für Microsoft Netze hinzufügen
- Eigenschaften für diesen Client konfigurieren
- TCP/IP-Protokoll hinzufügen
- TCP/IP-Protokoll konfigurieren

Client installieren und konfigurieren

Über das Netzwerk-Symbol in der Systemsteuerung gelangt man auf diese Registerkarte. Unter HINZUFÜGEN kann jetzt zuerst ausgewählt werden, was hinzugefügt werden soll.

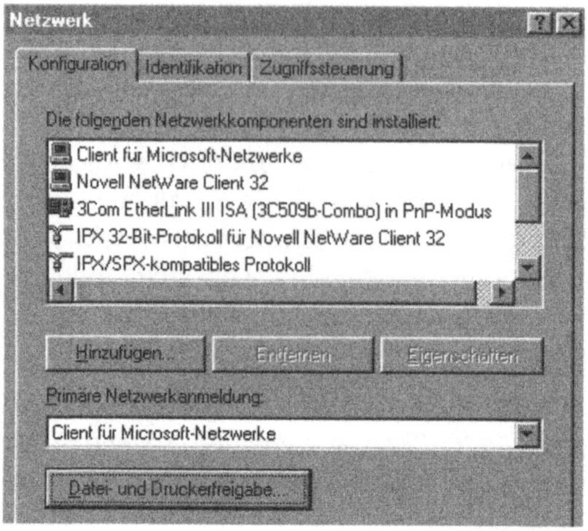

Abb. 7

Als Nächstes sollte dann der Client installiert werden. Dazu auf HINZUFÜGEN drücken. Genauso ist mit den Komponenten Protokolle und Dienste zu verfahren.

Statt über den HARDWARE-ASSISTENTEN kann auch hier die Netzwerkkarte hinzugefügt werden.

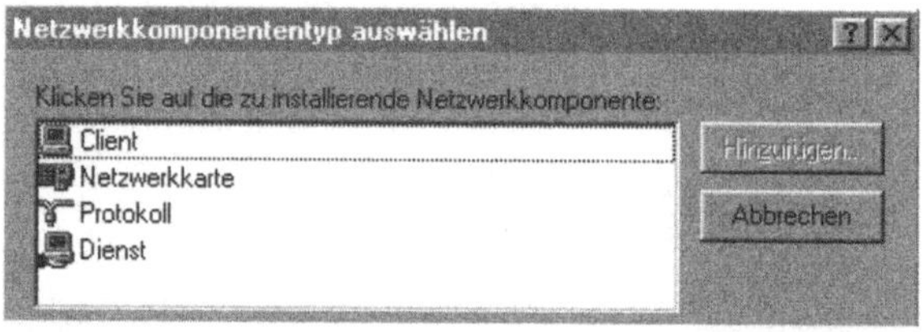

Abb. 8

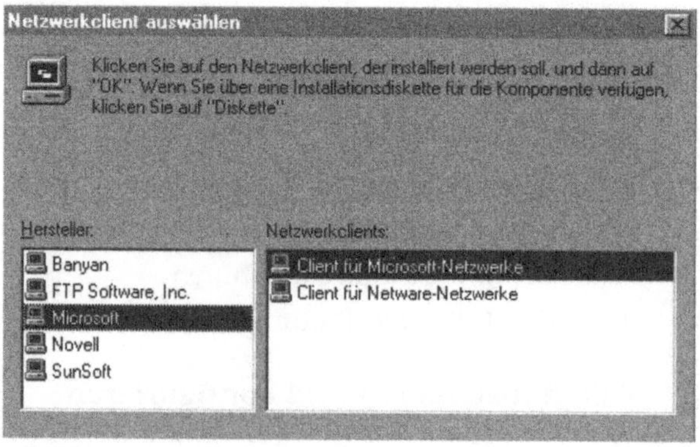

Abb. 9

Nun ist das zu verwendende Netzwerk-Protokoll auszuwählen. Bekanntlich ist NetBEUI kein routingfähiges Protokoll. In größeren Netzwerkumgebungen sollte deswegen das TCP/IP-Protokoll installiert werden, zumal TCP/IP immer mehr zum Standard in Netzwerken wird.

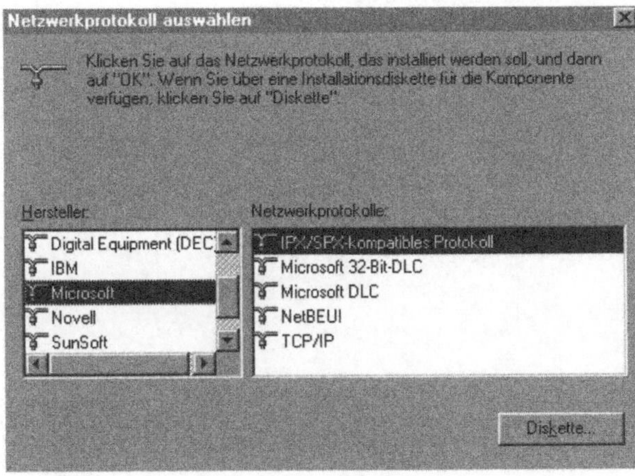

Abb. 10

Als Dienst ist die Datei- und Druckerfreigabe immer zu installieren, wenn auf diesen Computer über das Netzwerk auf Ressourcen oder einen Netzwerk-Drucker zugegriffen werden soll.

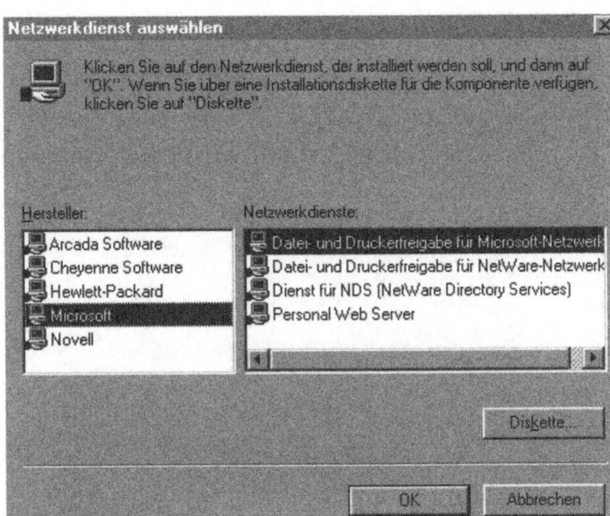

Abb. 11

Konfigurieren der Komponenten

Um den Client für Microsoft-Netzwerke zu konfigurieren, ist dieser zu selektieren und dann auf die Schaltfläche EINGENSCHAFTEN zu drücken. Hier ist die NT-Domäne und die Art der Anmeldung anzugeben.

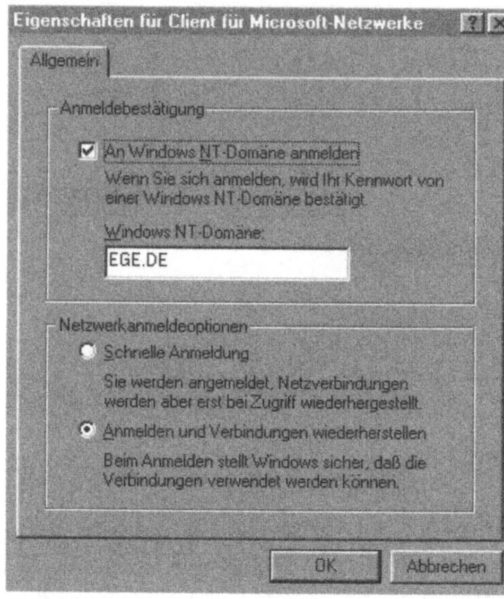

Abb. 12

TCP/IP-Protokoll konfigurieren

Das Protokoll ist zu selektieren und die Schaltfläche EIGENSCHAFTEN zu betätigen. Sind keine DHCP-Server im Netz, muss hier die IP-Adresse und die verwendete Subnet-Mask angegeben werden.

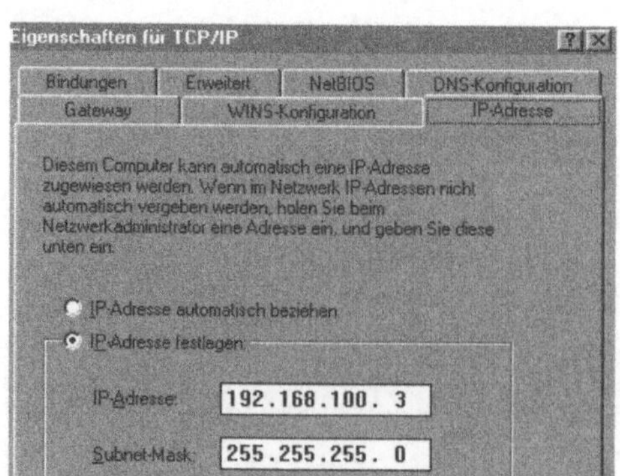

Abb. 13

Ist ein DNS-Server im Netz, muss dieser hier eingetragen werden.

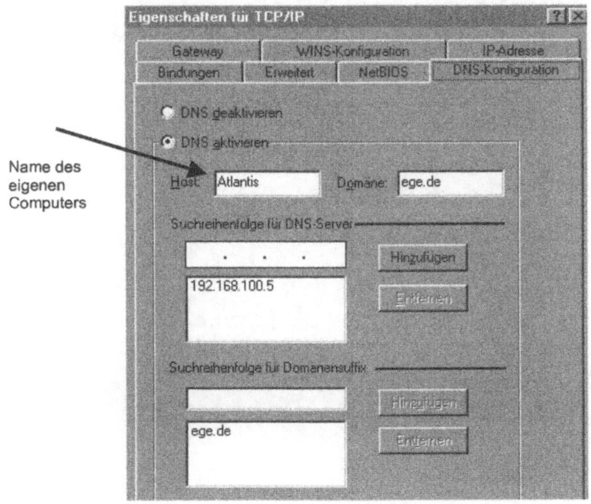

Abb. 14

Ist ein WINS-Server im Netz, muss dieser hier eingetragen werden.

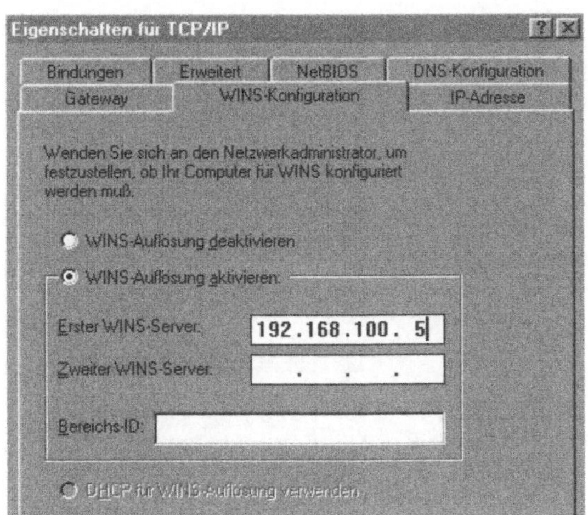

Abb. 15

Gibt es mehrere Netz-Segmente im Netz, ist hier die IP-Adresse des Routers zu den anderen Segmenten einzutragen.

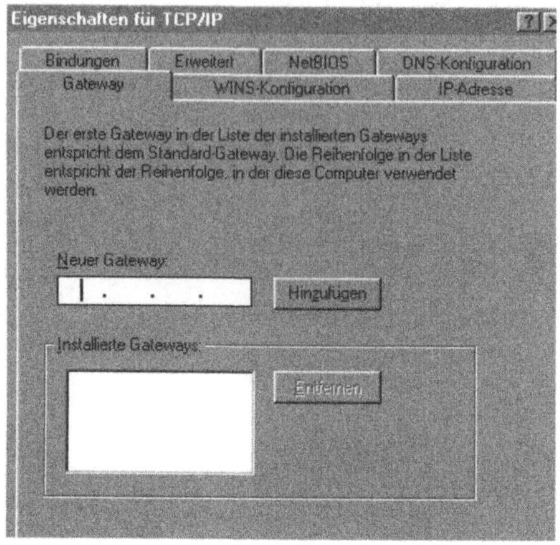

Abb. 16

In dieser Registerkarte ist der Computername und die Arbeitsgruppe oder NT-Domäne einzutragen, zu der dieser Computer gehören soll (Arbeitsgruppe im Peer-Netz, Domäne in Client/Server-Netz).

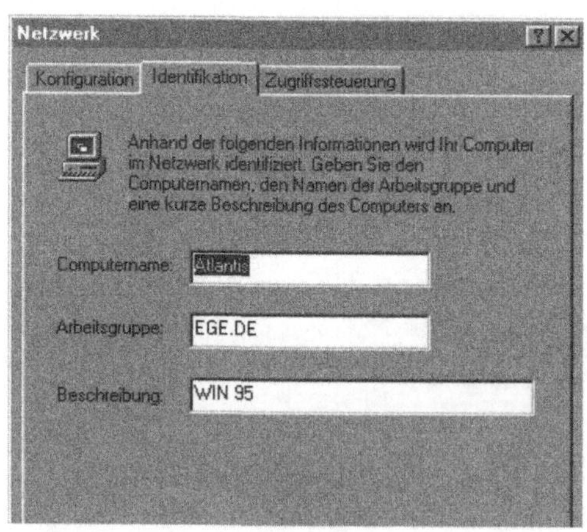

Abb. 17

Die Zugriffssteuerung ist auf Benutzerebene zu setzen und die Anmelde-Domäne anzugeben, da so die Zugriffe auf Ressourcen vom Anmelde-Server geprüft werden.

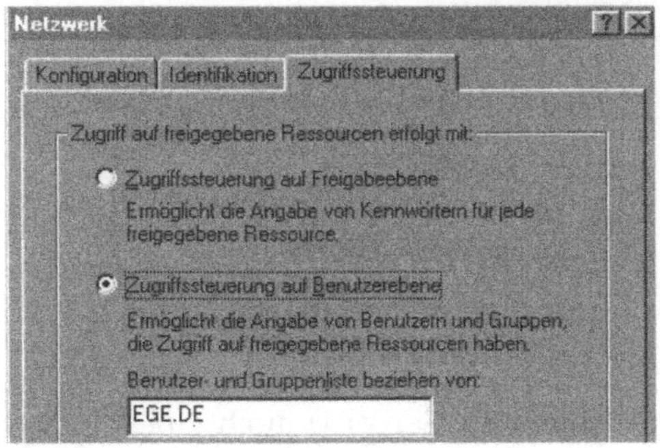

Abb. 18

Als Client für Novell-Server:

Netzwerkumgebung | rechte Maustaste | Eigenschaften

- Client für Novell Netze hinzufügen,
- Eigenschaften für diesen Client konfigurieren,
- IPX/SPX-Protokoll hinzufügen,
- IPX/SPX-Protokoll konfigurieren

Um Win95/98 als Client für Novell einzurichten, sind die einzelnen Schritte genauso wie als NT-Client. Nur ist hier der Novell-Client anstatt des Microsoft-Clients und das IPX/SPX-Protokoll anstatt des TCP/IP-Protokolls zu installieren und zu konfigurieren.

Um den Novell-Client zu installieren, gibt es allerdings zwei Möglichkeiten:

1. Novell-Client aus CLIENTS | MICROSOFT | NETWARE-CLIENT (wie Microsoft-Client) installieren,
2. 32-Bit-Client für WIN95/98 von der Novell-CD installieren (hat mehr Vorteile).

Als Standard-Protokoll läuft Netware mit dem IPX/SPX-Protokoll. Es kann aber auch das TCP/IP-Protokoll am Netware-Server installiert werden, sodass via TCP/IP von Win95/98 auf einen Netware-Server zugegriffen werden kann (gehört bei Novell 4.x zum Lieferumfang, kann für 3.x extra erworben werden).

Novell-Client konfigurieren

Client für Novell selektieren und EIGENSCHAFTEN auswählen. In dieser Registerkarte ist der Name des bevorzugten Novell-Servers (3.x und 4.x) sowie der Baum und der Namenskontext (4.x) anzugeben.

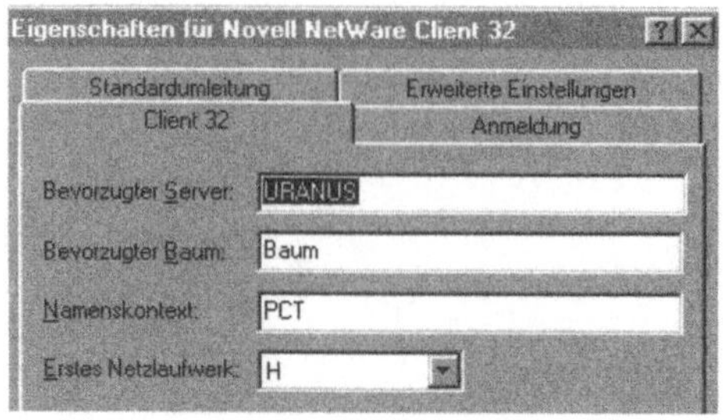

Abb. 19

Da bei einem 4.x-Server ja auch eine Bindery-Emulation aktiv ist, kann man sich sowohl am Server selber oder an der NDS anmelden (siehe Abschnitt 3.3 „Novell-Netware").

Soll ein Anmelde-Script verarbeitet werden, muss dieses hier ebenfalls angegeben werden.

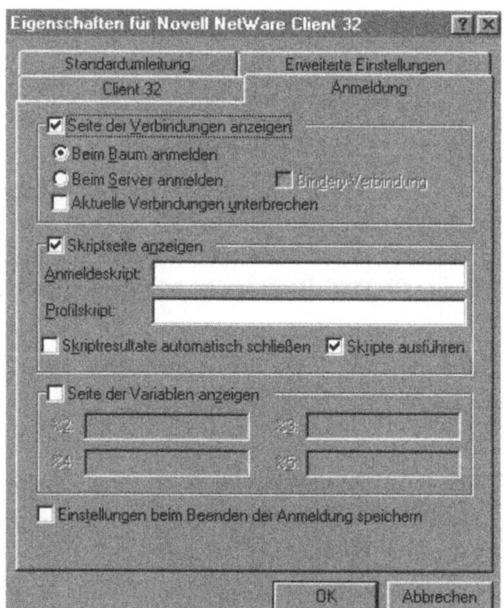

Abb. 20

IPX-Protokoll konfigurieren

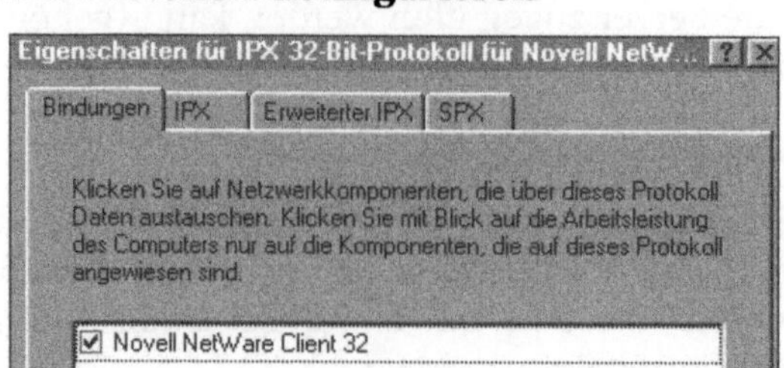

Abb. 21

Achtung: Wird der Novell eigene Client32 installiert und ist vorher schon der Microsoft-Client eingerichtet gewesen, muss dieser u.U. neu konfiguriert werden, da der Novell-Client32 viele Einstellungen zunichte macht und zu seinen Gunsten auslegt (primäre Netzanmeldung etc.).

Als Client für Unix-Server:

Damit Win95/98 als Client für einen Unix-Server agieren kann, muss die Konfiguration genau der NT-Client-Konfiguration unter TCP/IP entsprechen. Alle weiteren Einstellungen müssen am Unix-Server dafür gemacht werden (siehe Abschnitt 3.4.23 „Samba").

Achtung: Win95/98 kann natürlich gleichzeitig als Client für NT, Novell oder Unix agieren, wenn solche Server im Netz sind.

Dazu müssen nur alle obigen beschriebenen Konfigurationen gleichzeitig auf dem Win95/98-Computer eingerichtet sein.

Als Client für Windows 2000-Server:

Damit Win9x als Client auf einen Win2000-Server zugreifen kann, ist spezielle Client-Software zu installieren. Diese befindet sich auf der Win2000-Server-CD im Verzeichnis /Clients.

Sachwortverzeichnis

D

Karriere-Bausteine

Rainer Bischoff/Uta Elisabeth Klein/Thomas Meuser/Omar Moudden/Wilhelm Mülder/Kornelia Spohn/Wilhelm Walter (Hrsg.)

Studienführer IT an Fachhochschulen

Studieren mit erfolgreicher Praxis

2002. 259 S. mit 36 Abb. Br. € 14,90 ISBN 3-528-05783-1

Inhalt: Bildungsauftrag der Fachhochschule - Gestaltung der Praxisnähe - FH-Professoren: Erreichbare Coaches - IT-Studiengänge an der Fachhochschule - Praktika, Persönliche Qualifizierung - Tipps für Studium und Berufseinstieg - Erfolgs-Stories von IT-Praktikern mit FH-Abschluß - Fachhochschulen stellen sich vor - Unternehmen stellen sich vor

Der Student erhält eine zuverlässige und detaillierte Übersicht über das konkrete Studienangebot der Fachhochschule.

Peter Mertens/Dieter Ehrenberg/Peter Chamoni/Joachim Griese/ Lutz J. Heinrich/Karl Kurbel (Hrsg.)

Studienführer Wirtschaftsinformatik

Das Fach, Das Studium, Die Universitäten, Die Perspektiven

3., akt. und überarb. Aufl. 2002. ca. X, 396 S. Br. ca. € 14,90 ISBN 3-528-25539-0

Horst G. Kaltenbach

Career Engineering

Wie Sie in IT- und Ingenieurberufen Karriere machen

2001. 168 S. mit 17 Abb. Geb. € 24,00 ISBN 3-528-05777-7

vieweg

Stand 15.3.2002. Änderungen vorbehalten.
Erhältlich im Buchhandel oder im Verlag.

Weitere Titel aus dem Programm

Dietmar Abts

Grundkurs JAVA

Von den Grundlagen bis zu Datenbank- und Netzanwendungen

3., überarb. u. erw. Aufl. 2002. X, 388 S. Br. ca. € 24,90

ISBN 3-528-25711-3

Inhalt: Grundlagen der Sprache: Klassen, Objekte, Interfaces und Pakete - Ein- und Ausgabe - Thread-Programmierung - Grafische Oberflächen (Swing) - Applets - Datenbankzugriffe mit JDBC - Kommunikation im Netzwerk mit TCP/IP und HTTP

Peter P. Bothner/Wolf-Michael Kähler

Ohne C zu C++

Eine aktuelle Einführung für Einsteiger ohne C-Vorkenntnisse in die objekt-orientierte Programmierung mit C++

2001. XII, 337 S. mit 102 Abb. Br. € 19,90 ISBN 3-528-05780-7

Klassen-Konzept, Polymorphie, Einfach- und Mehrfachvererbung - überladene und virtuelle Funktionen - Klassen-Funktionen und Klassen-Variablen - friend- und template-Funktionen - Ausnahmebehandlung - Erzeugung grafischer Benutzeroberflächen mittels Visual C++ - ereignis-gesteuerte Kommunikation und Document/View-Konzept

Roland Schneider

Prozedurale Programmierung

Grundlagen der Programmkonstruktion

2002. XII, 210 S. mit 121 Abb. Br. € 19,90 ISBN 3-528-05653-3

Inhalt: Die vier Programm-Modelle - Einphasenprogramme und Mehrphasenprogramme - Stapelverarbeitungsprogramme - Dialogprogramme als Mehrphasenprogramme

vieweg

Abraham-Lincoln-Straße 46
65189 Wiesbaden
Fax 0611.7878-400
www.vieweg.de

Stand 15.3.2002. Änderungen vorbehalten.
Erhältlich im Buchhandel oder im Verlag.

GPSR Compliance

The European Union's (EU) General Product Safety Regulation (GPSR) is a set of rules that requires consumer products to be safe and our obligations to ensure this.

If you have any concerns about our products, you can contact us on ProductSafety@springernature.com

In case Publisher is established outside the EU, the EU authorized representative is:

Springer Nature Customer Service Center GmbH
Europaplatz 3
69115 Heidelberg, Germany

Batch number: 10584556

Printed by Printforce, the Netherlands